Elemente der Operatorenrechnung

mit geophysikalischen Anwendungen

Von

Dr. phil. Hans Ertel

Berlin

Mit 8 Abbildungen im Text

Berlin

Verlag von Julius Springer

1940

ISBN-13:978-3-642-89658-3 e-ISBN-13:978-3-642-91515-4
DOI: 10.1007/978-3-642-91515-4

Vorwort.

Das vorliegende Buch, das den Zweck verfolgt, Studierende geophysikalischer Wissenschaften mit der Methodik der operatorenmäßigen Lösung der in der Geophysik auftretenden Differentialgleichungen bekannt zu machen, geht auf Übungen zurück, die ich im Sommer-Semester 1939 an der Friedrich-Wilhelms-Universität in Berlin abgehalten habe. Da mit Rücksicht auf die Studierenden der ersten Semester nur die Kenntnis der Elemente der höheren Analysis vorausgesetzt werden konnte, habe ich auf eine funktionentheoretische Grundlegung der Operatorenrechnung verzichtet und zunächst die Realisierung der rationalen Operatoren durch Potenzreihenentwicklungen eingeleitet, weiterhin jedoch besonders für die Realisierung der Exponential- und singulären Operatoren das in enger Beziehung zur funktionentheoretischen Begründung stehende CARSONsche Integral zur Erläuterung herangezogen. Obgleich die Operatorenrechnung vollständig und allgemeiner in der Theorie der LAPLACE-Transformation enthalten ist und vom rein mathematischen Standpunkt aus besser durch letztere zu ersetzen wäre (G. DOETSCH), bietet die Operatorenmethode neben den bekannten Vorzügen für den Praktiker auch in pädagogischer Hinsicht den Vorteil, daß sie wohl am leichtesten dazu beiträgt, die bei den Studierenden geophysikalischer Disziplinen noch vielfach vorhandene Scheu vor der Behandlung von Differentialgleichungen zu überwinden, und meine diesbezüglichen guten Erfahrungen haben in Verbindung mit dem weitgehenden Entgegenkommen der Verlagsbuchhandlung Julius Springer, für welches derselben aufrichtigst zu danken mir hier gestattet sei, den Anlaß zur Veröffentlichung dieser Schrift gegeben.

Um die Brauchbarkeit des vorliegenden Buches für die Studierenden der Geophysik zu verbessern, habe ich neben einem einleitenden Kapitel über Differentialgleichungen noch ein zweites, verhältnismäßig ausführliches Kapitel über die in der Geophysik Anwendung findenden Differentialgleichungen der mathematischen Physik eingeschaltet, welches zugleich das Verständnis für die im letzten Kapitel behandelten geophysikalischen Anwendungen der Operatorenrechnung erleichtern dürfte.

Den Herren cand. rer. nat. J. BEHRENDTS und stud. rer. nat. K. HÜBNER sei an dieser Stelle für das Lesen der Korrektur und die Anfertigung des Namen- und Sachverzeichnisses herzlich gedankt.

Berlin, den 18. Januar 1940.

Meteorologisches Institut der Universität.

H. Ertel.

Inhaltsverzeichnis.

Druckfehlerberichtigung.

Seite 53. In Zeile 2 von oben

E_z statt E_x.

Seite 96. Die untere Grenze des Integrals der vorletzten Gleichung muß heißen

τ statt 0.

Seite 108. Fußnote. Geburtsdatum Ekman

1874 statt 1784.

Einleitung.

In den letzten Dezennien haben sich immer mehr Teilgebiete der Geophysik vom beschreibenden Anfangsstadium heraus zum Rang explikativer Wissenschaften erhoben, welche Entwicklung in theoretischer Hinsicht durch eine weitgehende Anwendung der mathematischen Methoden der klassischen theoretischen Physik gekennzeichnet ist. So zieht die Geophysik z. B. die Theorie der Wärmeleitung zur Beschreibung der Temperaturverhältnisse des Erdbodens heran, benutzt die klassische Hydrodynamik zur Untersuchung der ozeanischen und atmosphärischen Bewegungsvorgänge und verwendet die Elektronentheorie erfolgreich zur Erklärung der elektrischen Vorgänge in den höchsten Atmosphärenschichten. Infolge dieser Methodik ist ein Naturgesetz in der Geophysik zunächst meist in Form einer *Differentialgleichung* vom Typus der sog. *Differentialgleichungen der mathematischen Physik* mit den dazugehörigen Anfangs- und Randbedingungen gegeben, deren *Integration* den endlichen Ablauf des Vorgangs ergibt, der dann durch Vergleich mit Messungen die Zulässigkeit oder Unzulässigkeit der bei der Aufstellung der Differentialgleichung vorausgesetzten Grundannahmen erkennen läßt. Die Integration der in der Geophysik vorwiegend verwendeten linearen Differentialgleichungen mit konstanten Koeffizienten wird besonders dem mit den klassischen Integrationsmethoden weniger vertrauten Anfänger vielfach durch die *Operatorenrechnung* (auch symbolische Differentialrechnung genannt) erleichtert, welche die Integration auf eine vorwiegend algebraische Rechnung mit den Differentiations- und Integrations-Symbolen zurückführt und erst das symbolische Ergebnis in Funktionen umdeutet (*Realisierung* von Operatoren).

I. Allgemeines über Differentialgleichungen.

1. Definition.

Eine Gleichung zwischen Funktionen (von einer oder mehreren unabhängigen Variablen) *und deren Differentialquotienten* (nach einer oder mehreren unabhängigen Variablen) *heißt Differentialgleichung.* Die unabhängigen Variablen können darin außerhalb der Funktionen und ihrer Differentialquotienten noch explizit auftreten.

2. Einteilung der Differentialgleichungen.

Wir betrachten zunächst Differentialgleichungen, in denen nur *eine* Funktion $\psi(t, x, y, z \ldots)$ der unabhängigen Variablen t, x, y, $z \ldots$ zusammen mit diesen Variablen und mit Differentialquotienten der Funktion $\psi(t, x, y, z \ldots)$ nach einer oder mehreren unabhängigen Variablen auftritt.

Im einfachsten Fall ist ψ nur eine Funktion der einen Variablen t, also $\psi = \psi(t)$. Bezeichnen wir die Differentialquotienten von ψ nach t in üblicher Weise mit

$$\frac{d\psi}{dt} = \psi', \frac{d^2\psi}{dt^2} = \psi'', \frac{d^3\psi}{dt^3} = \psi''' \ldots,$$

so hat eine Beziehung zwischen ψ und den Ableitungen ψ', ψ'', ψ''' usw., in der gemäß Definition die unabhängige Variable t auch noch explizit vorkommen kann, die folgende Form

$$F(t, \psi, \psi', \psi'' \ldots) = 0, \tag{1}$$

wobei F ein Funktionssymbol bedeutet. Eine Funktionsbeziehung der vorstehenden Art heißt *gewöhnliche Differentialgleichung*. Das Adjektiv „gewöhnlich" soll kennzeichnen, daß es sich um eine Differentialgleichung für eine Funktion *einer Variablen* handelt und soll Differentialgleichungen dieser Art von den *partiellen Differentialgleichungen* unterscheiden, in denen partielle Ableitungen von Funktionen mit *mehreren Variablen* auftreten.

Unter einer gewöhnlichen Differentialgleichung versteht man also eine Gleichung zwischen einer abhängigen Variablen $\psi(t)$ und deren Ableitungen nach der unabhängigen Variablen t, wobei die unabhängige Variable t außerhalb der Funktion $\psi(t)$ und ihrer Ableitungen noch explizit auftreten kann.

Beispiel: Die Gleichung

$$\psi''' + t^m \psi = 0$$

(m = Konstante) stellt eine Beziehung zwischen der Funktion $\psi = \psi(t)$ und ihrer dritten Ableitung ψ''' dar, in der die unabhängige Variable t außerhalb der Funktionen ψ und ψ''' noch in der Form t^m auftritt.

Ist die höchste der in Gl. (1) auftretenden Ableitungen ψ', ψ'', $\psi''' \ldots$ die n-te, die mit $\psi^{(n)}$ bezeichnet werde, so nimmt die Beziehung (1) die Form

$$F(t, \psi, \psi', \psi'' \ldots \psi^{(n)}) = 0 \tag{2}$$

an und heißt dann genauer „gewöhnliche Differentialgleichung *n-ter Ordnung*".

Wenn die Funktion $F(t, \psi, \psi', \psi'' \ldots \psi^{(n)})$ eine ganze rationale Funktion ihrer Argumente $t, \psi, \psi', \psi'' \ldots \psi^{(n)}$ ist, so heißt *Grad der Differentialgleichung* der höchste vorkommende Grad eines Gliedes der Differentialgleichung, *wobei als Grad jedes Gliedes die Summe der in ihm auftretenden Exponenten der abhängigen Veränderlichen und ihrer Ableitungen bezeichnet wird*[1].

Beispiel: Gegeben sei die gewöhnliche Differentialgleichung 2. Ordnung

$$\psi \sqrt{\psi''} - t = 0.$$

Wird dieselbe durch Quadrieren rational gemacht, so ergibt sich

$$\psi^2 \psi'' - t^2 = 0,$$

welche Differentialgleichung nach vorstehender Definition vom 3. Grad ist.

Ist der Grad $= 1$, so heißt die Differentialgleichung *linear;* sie ist dann stets in der Form darstellbar

$$\begin{aligned} a_0(t)\,\psi^{(n)} + a_1(t)\,\psi^{(n-1)} + \ldots \\ a_{n-1}(t)\,\psi' + a_n(t)\,\psi - S(t) = 0, \end{aligned} \tag{3}$$

worin $a_0(t), a_1(t), \ldots a_n(t)$ und $S(t)$ vorgegebene stetige Funktionen von t bedeuten. Führt man das Funktionssymbol $L_n(\psi)$ für die *Linearform*

$$\begin{aligned} L_n(\psi) = a_0(t)\,\psi^{(n)} + a_1(t)\,\psi^{(n-1)} + \ldots \\ + a_{n-1}(t)\,\psi' + a_n(t)\,\psi \end{aligned} \tag{4}$$

ein, so gestattet Gl. (3) die kürzere Schreibweise

$$L_n(\psi) = S(t). \tag{5}$$

Die auf der rechten Seite stehende Funktion $S(t)$ heißt „Störungsfunktion", welche Bezeichnungsweise auf eine astronomische Anwendung (Theorie der Planetenbahnen mit Berücksichtigung der wechselseitigen Anziehung der Planeten) zurückzuführen ist. Verschwindet die Störungsfunktion für alle in Betracht kommenden Werte der unabhängigen Variablen t:

$$S(t) = 0,$$

so resultiert aus (5) die *homogene* Gleichung

$$L_n(\psi) = 0, \tag{6}$$

[1] Es sei hierzu bemerkt, daß in der mathematischen Literatur vielfach auch eine andere Definition des Grades einer Differentialgleichung gebräuchlich ist.

während die mit der Störungsfunktion auf der rechten Seite versehene Gl. (5) *inhomogen* genannt wird [1].

Ein besonders einfacher Fall linearer Differentialgleichungen liegt vor, wenn die in der Linearform (4) auftretenden $n + 1$ Koeffizienten $a_0(t)$, $a_1(t)$, ... $a_n(t)$ nicht Funktionen von t sind, sondern sämtlich konstante Werte haben, die wir mit a_0, a_1, a_2 ... a_n bezeichnen wollen ($a_0 \neq 0$, $a_n \neq 0$). Es ist dann

$$L_n(\psi) = a_0 \psi^{(n)} + a_1 \psi^{(n-1)} + \dots + a_{n-1} \psi' + a_n \psi \tag{7}$$

eine Linearform mit konstanten Koeffizienten, und die mit dieser Linearform gebildeten Gleichungen

$$L_n(\psi) = S(t) \tag{8}$$

und

$$L_n(\psi) = 0 \tag{9}$$

sind (gewöhnliche) lineare Differentialgleichungen (n-ter Ordnung) *mit konstanten Koeffizienten;* Gl. (8) ist inhomogen, Gl. (9) homogen. Im folgenden behandeln wir nur Differentialgleichungen (gewöhnliche und partielle) mit konstanten Koeffizienten.

Die vorstehend erläuterten Begriffe finden sinngemäß auch auf partielle Differentialgleichungen Anwendung. Es sei $\psi = \psi(t, x, y, z \dots)$ eine Funktion der unabhängigen Variablen $t, x, y, z \dots$ Die partiellen Ableitungen der Funktion ψ nach diesen Variablen bezeichnen wir in üblicher Weise mit

$$\frac{\partial \psi}{\partial t} = \psi_t, \; \frac{\partial \psi}{\partial x} = \psi_x, \; \frac{\partial \psi}{\partial y} = \psi_y, \; \frac{\partial \psi}{\partial z} = \psi_z, \; \dots,$$

$$\frac{\partial^2 \psi}{\partial x\, d t} = \psi_{xt}, \; \frac{\partial^2 \psi}{\partial x^2} = \psi_{xx}, \; \frac{\partial^2 \psi}{\partial x\, \partial y} = \psi_{xy}, \; \frac{\partial^2 \psi}{\partial x\, \partial z} = \psi_{xz}, \; \dots, \text{ usw.}$$

Eine Funktionsbeziehung, welche die Funktion $\psi(t, x, y, z, \dots)$, partielle Ableitungen dieser Funktion und gegebenenfalls noch die unabhängigen Variablen explizit enthält, hat also die Form

$$F(t, x, y, z, \dots; \psi; \psi_t, \psi_x, \dots; \psi_{xt}, \psi_{xx}, \dots) = 0 \tag{10}$$

und heißt *partielle Differentialgleichung.* Wie bei den gewöhnlichen Differentialgleichungen bestimmt die Ordnung der höchsten Ableitung die *Ordnung der Differentialgleichung.*

---

[1] In der Theorie der gewöhnlichen Differentialgleichungen wird die Bezeichnung *homogen* vielfach auch noch in einem anderen Sinne gebraucht, indem eine Differentialgleichung 1. Ordnung $F(t, \psi, \psi') = 0$ „homogen" genannt wird, wenn sie auf die Form $\psi' - f\left(\frac{\psi}{t}\right) = 0$ gebracht werden kann (f bedeutet ein Funktionssymbol).

Beispiele: Die partielle Differentialgleichung

$$(11) \qquad \frac{\partial \psi}{\partial t} + \frac{\partial^4 \psi}{\partial x^4} = 0$$

ist von 4. *Ordnung*, die folgende:

$$(12) \qquad \frac{\partial \psi}{\partial t} - a^2 \left(\frac{\partial^2 \psi}{\partial x^2} + \frac{\partial^2 \psi}{\partial y^2} + \frac{\partial^2 \psi}{\partial z^2}\right) = Q(x, y, z, t),$$

von 2. Ordnung (a^2 = Konstante, $Q(x, y, z, t)$ = gegebene Funktion). Beide Gl. (11, 12) sind *linear*, da die Funktion ψ und ihre Ableitungen nur in linearen Termen und nicht miteinander multipliziert auftreten; die Gl. (11) ist *homogen*, hingegen ist die Gl. (12) *inhomogen* mit der Störungsfunktion $Q(x, y, z, t)$.

$$(13) \qquad A \frac{\partial \psi}{\partial t} + B \frac{\partial \psi}{\partial x} + C \frac{\partial \psi}{\partial y} + D \frac{\partial \psi}{\partial z} = S(x, y, z, t)$$

ist eine (inhomogene) lineare partielle Differentialgleichung 1. *Ordnung* mit konstanten Koeffizienten (A, B, C, D).

Von besonderer Wichtigkeit für die Physik und Geophysik sind die *linearen partiellen Differentialgleichungen 2. Ordnung mit konstanten Koeffizienten.* Enthält die Funktion ψ nur zwei unabhängige Variable, z. B. x und y, also $\psi = \psi(x, y)$, so lautet die *Normalform* einer linearen partiellen Differentialgleichung 2. Ordnung mit konstanten Koeffizienten:

$$(14) \qquad \alpha \frac{\partial^2 \psi}{\partial x^2} + \beta \frac{\partial^2 \psi}{\partial y^2} + 2\gamma \frac{\partial^2 \psi}{\partial x \, \partial y} + f\left(x, y, \psi, \frac{\partial \psi}{\partial x}, \frac{\partial \psi}{\partial y}\right) = 0$$

(f = Funktionssymbol; der Faktor 2 bei 2γ wurde aus später ersichtlichen Zweckmäßigkeitsgründen eingeführt). Aus dieser Normalform ergeben sich durch Spezialisierung der Konstanten α, β und γ sowie der Funktion $f = f\left(x, y, \psi, \frac{\partial \psi}{\partial x}, \frac{\partial \psi}{\partial y}\right)$ physikalisch wichtige Differentialgleichungen.

1. Fall: Wir wählen

$$\alpha = \beta = 1, \ \gamma = 0, \ f = 0.$$

Es resultiert aus (14) die „*zweidimensionale Potentialgleichung*"

$$(15) \qquad \frac{\partial^2 \psi}{\partial x^2} + \frac{\partial^2 \psi}{\partial y^2} = 0.$$

2. Fall: Wir wählen

$$\alpha = 1, \ \beta = -1, \ \gamma = 0, \ f = 0.$$

Es resultiert aus (14) die „*Wellengleichung*“

$$\frac{\partial^2 \psi}{\partial x^2} - \frac{\partial^2 \psi}{\partial y^2} = 0. \tag{16}$$

3. Fall: Wir wählen

$$\alpha = 0,\ \beta = -1,\ \gamma = 0,\ f = \frac{\partial \psi}{\partial x}.$$

Es resultiert aus (14) die „*Wärmeleitungsgleichung*“

$$\frac{\partial \psi}{\partial x} - \frac{\partial^2 \psi}{\partial y^2} = 0. \tag{17}$$

Es bezeichne Θ die Determinante

$$\Theta = \begin{vmatrix} \alpha & \gamma \\ \gamma & \beta \end{vmatrix} = \alpha\beta - \gamma^2. \tag{18}$$

Die Differentialgleichung (14) heißt dann

von *elliptischem Typ*, wenn $\Theta > 0$,
von *hyperbolischem Typ*, wenn $\Theta < 0$,
von *parabolischem Typ*, wenn $\Theta = 0$.

Unser 1. Fall ergibt $\Theta = 1 > 0$, d. h. die zweidimensionale Potentialgleichung (15) ist von elliptischem Typ; der 2. Fall ergibt $\Theta = -1 < 0$, d. h. die Wellengleichung (16) ist von hyperbolischem Typ. Der 3. Fall ergibt $\Theta = 0$, die Wärmeleitungsgleichung (17) ist somit von parabolischem Typ.

3. Integrale linearer Differentialgleichungen.

Als *Lösung einer Differentialgleichung* bezeichnet man eine Funktion der unabhängigen Variablen $t, x, y, z \ldots$, welche für die abhängige Variable $\psi(t, x, y, z \ldots)$ in die Differentialgleichung eingesetzt, diese für alle in Betracht kommenden Werte der unabhängigen Variablen erfüllt. Da es sich bei der Ermittlung der Lösung einer Differentialgleichung gewissermaßen um die Verallgemeinerung des gewöhnlichen Integrationsproblems handelt und man zudem in vielen Fällen die Auflösung tatsächlich auf die Ausführung von Integrationen zurückführen kann, pflegt man statt Lösung einer Differentialgleichung auch häufig *Integral der Differentialgleichung* zu sagen; die Auffindung der Lösung heißt *Integration der Differentialgleichung*.

Ein Integral einer gewöhnlichen Differentialgleichung n-ter Ordnung, das n willkürliche (frei verfügbare) Konstanten enthält, die sich nicht auf eine geringere Anzahl reduzieren lassen[1], heißt

[1] Zur Erklärung sei hierzu bemerkt, daß z. B. der Ausdruck $a \log(b\, x^{1/a})$ mit den Konstanten a und b nur *eine* frei verfügbare Konstante $c = b^a$ enthält, denn es ist $a \log(b\, x^{1/a}) = \log(b^a\, x) = \log(c\, x)$.

vollständiges oder allgemeines Integral der vorgelegten Differentialgleichung. Hinsichtlich der Existenz der Integrale wird in der Theorie der Differentialgleichungen bewiesen, daß jede Gleichung (bzw. jedes System von Gleichungen, vgl. S. 17) immer ein Integral zuläßt, wenn die Stetigkeit der auf den linken Seiten stehenden Funktionen vorausgesetzt wird.

Ein Integral einer gewöhnlichen Differentialgleichung n-ter Ordnung, das *weniger* als n willkürliche (frei verfügbare) Konstanten enthält, heißt *partikuläres Integral* der vorgelegten Differentialgleichung. Man erhält partikuläre Integrale aus dem allgemeinen Integral, indem man den n Konstanten des allgemeinen Integrals spezielle Werte gibt.

Beispiel: Die lineare Differentialgleichung 2. Ordnung

$$\frac{d^2 \psi}{d t^2} + k^2 \psi = 0 \tag{19}$$

(k = vorgegebene Konstante $\neq 0$) besitzt das allgemeine Integral

$$\psi = c_1 \cos(kt) + c_2 \sin(kt) \tag{20}$$

mit den willkürlichen Konstanten c_1 und c_2; bildet man nämlich aus (20)

$$\frac{d^2 \psi}{d t^2} = -k^2 \{c_1 \cos(kt) + c_2 \sin(kt)\} \tag{21}$$

und substituiert (20) und (21) in die vorgelegte Differentialgleichung (19), so wird diese für alle Werte von t identisch erfüllt. Spezialisiert man die willkürlichen Konstanten c_1 und c_2 im allgemeinen Integral (20) wie folgt:

$$1)\ c_1 = 1,\ c_2 = 0,$$

oder

$$2)\ c_1 = 0,\ c_2 = 1,$$

so erhält man die beiden partikulären Integrale

$$\psi_1 = \cos(kt),\ \psi_2 = \sin(kt)\,. \tag{22}$$

Es seien $\psi_1, \psi_2, \psi_3 \ldots \psi_n$ n partikuläre Integrale der linearen homogenen Differentialgleichung (6) bzw. (9):

$$L_n(\psi) = 0,$$

wobei das Symbol $L_n(\psi)$ durch (4) oder (7) erklärt ist. Das System der n partikulären Integrale $\psi_1, \psi_2, \psi_3 \ldots \psi_n$ heißt *linear unabhängig*, wenn für alle in Betracht kommenden Werte der unabhängigen Variablen t die Gleichung

$$A_1 \psi_1 + A_2 \psi_2 + \ldots + A_n \psi_n = 0 \tag{23}$$

mit den Konstanten $A_1, A_2 \ldots A_n$ nur für $A_1 = A_2 = A_3 \ldots$

$= A_n = 0$ bestehen kann, andernfalls heißen $\psi_1, \psi_2, \ldots \psi_n$ *linear abhängig*. Die beiden partikulären Lösungen (22) sind z. B. linear unabhängig, denn die Gleichung

$$A_1 \cos (kt) + A_2 \sin (kt) = 0$$

kann bei *beliebigen* Werten von t nur für $A_1 = A_2 = 0$ bestehen. Die notwendige und hinreichende Bedingung für die lineare Unabhängigkeit des Systems der partikulären Integrale $\psi_1, \psi_2, \psi_3 \ldots \psi_n$ der Differentialgleichung (6) bzw. (9) ist das *Nichtverschwinden* der WRONSKIschen Determinante[1]

$$W = \begin{vmatrix} \psi_1 \, \psi_1' \, \psi_1'' \ldots \psi_1^{(n-1)} \\ \psi_2 \, \psi_2' \, \psi_2'' \ldots \psi_2^{(n-1)} \\ \ldots\ldots\ldots\ldots \\ \ldots\ldots\ldots\ldots \\ \psi_n \psi_n' \psi_n'' \ldots \psi_n^{(n-1)} \end{vmatrix} \neq 0, \tag{24}$$

die aus den n partikulären Integralen und ihren Ableitungen bis zur $(n-1)$-ten Ordnung zu berechnen ist.

Beispiel: Für $n = 2$ hat die WRONSKIsche Determinante die Form

$$W = \begin{vmatrix} \psi_1 \, \psi_1' \\ \psi_2 \, \psi_2' \end{vmatrix} = \psi_1 \psi_2' - \psi_2 \psi_1'.$$

Mit den partikulären Integralen (22) wird

$$W = \cos (kt) \cdot k \cos (kt) + \sin (kt) \cdot k \sin (kt) = k \neq 0,$$

d. h. die partikulären Integrale (22) sind linear unabhängig.

Ein linear unabhängiges System $\psi_1, \psi_2, \ldots \psi_n$ oder in kürzerer Bezeichnungsweise ψ_i $(i = 1, 2, \ldots n)$ von partikulären Integralen der homogenen linearen Differentialgleichung $L_n(\psi) = 0$ heißt *Fundamentalsystem*. Die Kenntnis desselben gestattet die Aufstellung des allgemeinen Integrals der homogenen linearen Differentialgleichung $L_n(\psi) = 0$ in der Form

$$\psi = c_1 \psi_1 + c_2 \psi_2 + \ldots + c_n \psi_n \tag{25}$$

oder in kürzerer Schreibweise

$$\psi = \sum_1^n c_i \psi_i \tag{26}$$

mit den n willkürlichen Konstanten c_i $(i = 1, 2, \ldots n)$. Denn da jedes partikuläre Integral ψ_i $(i = 1, 2, \ldots n)$ der Differentialgleichung

$$L_n(\psi_i) = 0 \qquad (i = 1, 2, \ldots n) \tag{27}$$

---

[1] JOSEF MARIE WRONSKI (gebürtiger Deutscher namens HOENE), Mathematiker und Philosoph, 1778—1853.

genügt, erhält man durch Multiplikation jeder der vorstehenden n Gleichungen (27) mit je einer willkürlichen Konstanten c_i $(i = 1, 2, \ldots n)$ und Addition:

$$\sum_1^n c_i L_n(\psi_i) = 0$$

oder

$$L_n\left(\sum_1^n c_i \psi_i\right) = 0 . \tag{28}$$

Mithin genügt die n willkürliche Konstanten c_i $(i = 1, 2, \ldots n)$ enthaltende Funktion (26) der linearen homogenen Differentialgleichung $L_n(\psi) = 0$ und stellt somit deren allgemeines Integral dar.

Das allgemeine Integral der homogenen linearen Differentialgleichung

$$L_n(\psi) = 0 \tag{29}$$

ist also darstellbar in der Form

$$\psi = \sum_1^n c_i \psi_i , \tag{30}$$

worin die Funktionen ψ_i $(i = 1, 2, \ldots n)$ *n linear unabhängige Partikularlösungen der vorgelegten Differentialgleichung* (Fundamentalsystem) *und die* c_i $(i = 1, 2, \ldots n)$ *n willkürliche Konstanten bedeuten.*

Zwecks Integration der *inhomogenen* linearen Differentialgleichung (5) bzw. (8):

$$L_n(\psi) = S(t),$$

ermitteln wir zunächst das Fundamentalsystem der entsprechenden homogenen Gleichung $L_n(\psi) = 0$. Ist $\overset{0}{\psi}_i$ $(i = 1, 2, \ldots n)$ dieses Fundamentalsystem, so ist

$$\overset{0}{\psi} = \sum_1^n c_i \overset{0}{\psi}_i \tag{31}$$

das *allgemeine Integral der homogenen Gleichung*, also

$$L_n\left(\overset{0}{\psi}\right) = 0. \tag{32}$$

Ist ferner $\overset{*}{\psi}$ *ein* partikuläres Integral der *inhomogenen* Gleichung, also

$$L_n\left(\overset{*}{\psi}\right) = S(t), \tag{33}$$

so erhalten wir durch Addition der Gleichungen (32) und (33):

$$L_n\left(\overset{0}{\psi} + \overset{*}{\psi}\right) = S(t),$$

mithin genügt die n willkürliche Konstanten c_i $(i = 1, 2, \ldots n)$ enthaltende Funktion

$$(34)\qquad \psi = \overset{0}{\psi} + \overset{*}{\psi} = \sum^{n} c_i \overset{0}{\psi}_i + \overset{*}{\psi}$$

der inhomogenen linearen Differentialgleichung $L_n(\psi) = S(t)$ und stellt somit deren allgemeines Integral dar.

Das allgemeine Integral der inhomogenen linearen Differentialgleichung

$$(35)\qquad L_n(\psi) = S(t)$$

erhält man durch Addition eines partikulären Integrals $\overset{*}{\psi}$ *derselben zum allgemeinen Integral* $\overset{0}{\psi}$ *der entsprechenden homogenen Gleichung.*

Beispiel: Ein partikuläres Integral der inhomogenen linearen Differentialgleichung 2. Ordnung

$$(36)\qquad \frac{d^2\psi}{d\,t^2} + a^2\psi = K\cos(bt)$$

$(K, a, b =$ Konstanten; $|a| \neq |b|)$ lautet

$$(37)\qquad \overset{*}{\psi} = \frac{K\cos(bt)}{(a^2 - b^2)},$$

wie man leicht bestätigt, indem man aus (37)

$$\frac{d^2\overset{*}{\psi}}{d\,t^2} = \frac{-b^2}{(a^2 - b^2)}\,K\cos(bt)$$

bildet und dazu die mit a^2 multiplizierte Gl. (37) addiert, wodurch

$$\frac{d^2\overset{*}{\psi}}{d\,t^2} + a^2\overset{*}{\psi} = K\cos(bt)$$

resultiert. Das *allgemeine Integral* $\overset{0}{\psi}$ der aus (36) durch Nullsetzen der Störungsfunktion $S(t) = K\cos(bt)$ hervorgehenden *homogenen* Differentialgleichung

$$\frac{d^2\psi}{d\,t^2} + a^2\psi = 0$$

lautet gemäß (20):

$$(38)\qquad \overset{0}{\psi} = c_1\cos(at) + c_2\sin(at),$$

und somit ist nach (34) die Summe von (38) und (37):

$$(39)\qquad \psi = c_1\cos(at) + c_2\sin(at) + \frac{K\cos(bt)}{(a^2 - b^2)}$$

das *allgemeine Integral der vorgelegten inhomogenen Differentialgleichung* (36).

In gleicher Weise erhält man das allgemeine Integral einer inhomogenen linearen partiellen Differentialgleichung durch Addition *eines partikulären Integrals dieser Differentialgleichung zum allgemeinen Integral der zugehörigen homogenen partiellen Differentialgleichung. Das allgemeine Integral einer partiellen Differentialgleichung n-ter Ordnung mit m unabhängigen Variablen $t, x, y, z, \ldots$ ist eine Lösung*[1], *welche n willkürliche Funktionen Φ_i $(i = 1, 2, \ldots n)$ von $m-1$ Variablen enthält, die entweder gewisse der unabhängigen Variablen $t, x, y, z, \ldots$ oder Kombinationen derselben sein können.*

Beispiele: 1. Wir betrachten eine Funktion $\psi = \psi(x, y)$ der unabhängigen Variablen x und y; in dem in Frage kommenden Bereich der x, y-Ebene mögen die beiden Ableitungen $\frac{\partial^2 \psi}{\partial x\, \partial y}$ und $\frac{\partial^2 \psi}{\partial y\, \partial x}$ existieren und stetig sein, so daß sie nach einem Satze der Differentialrechnung übereinstimmen: $\frac{\partial^2 \psi}{\partial x\, \partial y} = \frac{\partial^2 \psi}{\partial y\, \partial x}$. Die partielle Differentialgleichung

$$\frac{\partial^2 \psi}{\partial x\, \partial y} = 0, \tag{40}$$

die nach den Ausführungen auf S. 6 von hyperbolischem Typ ist, besitzt das *allgemeine Integral*

$$\psi = \Phi_1(x) + \Phi_2(y), \tag{41}$$

worin Φ_1 und Φ_2 *zwei willkürliche Funktionen von je einer Variablen* bedeuten. Differentiation von Gl. (41) zuerst nach x und dann noch nach y ergibt:

$$\frac{\partial \psi}{\partial x} = \Phi_1'(x), \qquad \frac{\partial^2 \psi}{\partial y\, \partial x} = 0.$$

Differentation in umgekehrter Reihenfolge führt zum gleichen Schlußergebnis:

$$\frac{\partial \psi}{\partial y} = \Phi_2'(y), \qquad \frac{\partial^2 \psi}{\partial x\, \partial y} = 0.$$

2. Die partielle Differentialgleichung (Wellengleichung) für die Funktion $\psi = \psi(x, t)$

$$\frac{\partial^2 \psi}{\partial t^2} - a^2 \frac{\partial^2 \psi}{\partial x^2} = 0, \tag{42}$$

die nach den Ausführungen auf S. 6 ebenfalls von hyperbolischem Typ ist (a^2 = Konstante), besitzt das *allgemeine Integral*

$$\psi = \Phi_1(x + at) + \Phi_2(x - at), \tag{43}$$

worin Φ_1 und Φ_2 *zwei willkürliche Funktionen von je einer Kombination der beiden unabhängigen Variablen* bedeuten. Setzen wir

$$\xi = x + at, \quad \eta = x - at,$$

---

[1] Vgl. S. 6.

und führen die Bezeichnungen ein:

$$\Phi_1'(\xi) = \frac{d\,\Phi_1}{d\,\xi}, \qquad \Phi_2'(\eta) = \frac{d\,\Phi_2}{d\,\eta},$$
$$\Phi_1''(\xi) = \frac{d^2\,\Phi_1}{d\,\xi^2}, \qquad \Phi_2''(\eta) = \frac{d^2\,\Phi_2}{d\,\eta^2},$$

so ergibt sich aus Gl. (43) durch Differentiation:

$$\frac{\partial\,\psi}{\partial\,x} = \Phi_1' \frac{\partial\,\xi}{\partial\,x} + \Phi_2' \frac{\partial\,\eta}{\partial\,x} = \Phi_1' + \Phi_2'$$

und

$$\frac{\partial^2\,\psi}{\partial\,x^2} = \Phi_1'' + \Phi_2'', \tag{44}$$

ferner

$$\frac{\partial\,\psi}{\partial\,t} = \Phi_1' \frac{\partial\,\xi}{\partial\,t} + \Phi_2' \frac{\partial\,\eta}{\partial\,t} = a\,\Phi_1' - a\,\Phi_2'$$

und

$$\frac{\partial^2\,\psi}{\partial\,t^2} = a^2\,(\Phi_1'' + \Phi_2''). \tag{45}$$

Multiplikation von Gl. (44) mit a^2 und Subtraktion von Gl. (45) zeigt, daß die partielle Differentialgl. (42) erfüllt wird durch die zwei willkürliche Funktionen Φ_1 und Φ_2 enthaltende Lösung Gl. (43), die somit das allgemeine Integral der Differentialgl. (42) darstellt.

3. Die inhomogene Wellengleichung

$$\frac{\partial^2\,\psi}{\partial\,t^2} - a^2 \frac{\partial^2\,\psi}{\partial\,x^2} = K \cos\,(ct - bx) \tag{46}$$

(K, a, b, c = Konstante, $|ab| \neq |c|$) besitzt z. B. das *partikuläre Integral*

$$\overset{*}{\psi} = \frac{K}{(a^2\,b^2 - c^2)} \cos\,(ct - bx), \tag{47}$$

denn es ist

$$\frac{\partial^2\,\overset{*}{\psi}}{\partial\,t^2} = \frac{-c^2\,K}{(a^2\,b^2 - c^2)} \cos\,(ct - bx),$$
$$\frac{\partial^2\,\overset{*}{\psi}}{\partial\,x^2} = \frac{-b^2\,K}{(a^2\,b^2 - c^2)} \cos\,(ct - bx),$$

woraus

$$\frac{\partial^2\,\overset{*}{\psi}}{\partial\,t^2} - a^2 \frac{\partial^2\,\overset{*}{\psi}}{\partial\,x^2} = K \cos\,(ct - bx)$$

folgt. Das *allgemeine Integral* $\overset{0}{\psi}$ *der zu* (46) *gehörenden homo-*

genen Gleichung (42) ist durch (43) gegeben, daher stellt

$$\psi = \Phi_1 (x + at) + \Phi_2 (x - at) + \frac{K}{(a^2 b^2 - c^2)} \cos (ct - bx) \tag{48}$$

das *allgemeine Integral der inhomogenen Gleichung* (46) dar.

4. Anfangs- und Randbedingungen. Eigenwertprobleme.

Das allgemeine Integral einer *gewöhnlichen Differentialgleichung* n-ter Ordnung für eine Funktion $\psi(t)$ bedeutet geometrisch eine von n Parametern, nämlich den n willkürlichen Integrationskonstanten (c_i, $i = 1, 2, \ldots n$) abhängige *Kurvenschar* (Integralkurvenschar) in der t, ψ-Ebene. Die Auswahl *einer bestimmten Kurve* aus dieser Schar erfolgt durch Vorgabe von *n Bedingungen*, die zur Bestimmung der n willkürlichen Konstanten c_i ($i = 1, 2, \ldots n$) dienen und die *Anfangs-* bzw. *Randbedingungen* genannt werden. Zur Auswahl einer Kurve aus der Integralkurvenschar einer gewöhnlichen Differentialgleichung 1. Ordnung (eine Integrationskonstante enthaltend) kann also z. B. ein Punkt vorgeschrieben werden, durch den die Kurve verlaufen soll; bei einer Differentialgleichung 2. Ordnung kann z. B. ein Punkt und die dortige Tangentenrichtung zwecks Bestimmung der zwei Konstanten der Integralkurvenschar vorgeschrieben werden usw..

Beispiel: Es soll aus der Integralkurvenschar

$$\psi = c_1 \cos (at) + c_2 \sin (at), \tag{49}$$

die das allgemeine Integral der Differentialgleichung

$$\frac{d^2 \psi}{d t^2} + a^2 \psi = 0 \tag{50}$$

darstellt (a^2 = Konstante $\neq 0$), diejenige Kurve bestimmt werden, die den Anfangsbedingungen

$$\psi = 0 \text{ und } \frac{d\psi}{dt} = \psi' = v \text{ für } t = 0$$

genügt (v = Konstante). Diese Bedingungen können auch wie folgt geschrieben werden:

$$\psi(0) = 0, \quad \psi'(0) = v. \tag{51}$$

Man findet zunächst aus Gl. (49):

$$\psi(0) = c_1.$$

Soll dieser Ausdruck gemäß Gl. (51) verschwinden, so muß also $c_1 = 0$ sein, wodurch sich Gl. (49) auf

$$\psi = c_2 \sin (at) \tag{52}$$

reduziert. Hieraus folgt:

$$\frac{d\psi}{dt} = \psi' = a c_2 \cos (at),$$

also

$$\psi'(0) = a\, c_2,$$

welcher Ausdruck nach Gl. (51) gleich v sein soll. Es ist somit $c_2 = v/a$ und damit nach Gl. (52)

$$\psi = \frac{v}{a} \sin(at)$$

dis Lösung, die der Differentialgleichung (50) *mit den Anfangsbedingungen* (51) *genügt* und die keine willkürlichen Konstanten mehr enthält.

In besonderen Fällen können die Anfangs- bzw. Grenzbedingungen z. T. durch *andere Forderungen*, beispielsweise Periodizität der Lösung, Verschwinden im Unendlichen usw. ersetzt werden.

Beispiel: Es soll die für $0 < x \leqq +\infty$ der Differentialgleichung

(53) $$\frac{d^2\psi}{dx^2} - a^2\psi = 0 \quad (a > 0)$$

genügende Funktion $\psi(x)$ bestimmt werden, die für $x = 0$ den Wert

(54) $$\psi(0) = \frac{1}{2}$$

hat (Anfangsbedingung) und im Unendlichen verschwindet:

(55) $$\lim_{x \to \infty} \psi(x) = 0\,.$$

Es ist

$$\psi_1 = e^{+ax}, \quad \psi_2 = e^{-ax}$$

ein System linear unabhängiger Partikularlösungen der Gl. (53), da die Wronskische Determinate (vgl. S. 8) den von Null verschiedenen Wert

$$W = \psi_1\psi_2' - \psi_2\psi_1' = -a$$

hat. Somit ist nach Gl. (30)

$$\psi = c_1 e^{+ax} + c_2 e^{-ax}$$

das allgemeine Integral von Gl. (53). Damit Gl. (55) erfüllt ist, muß $c_1 = 0$ gewählt werden; zur Erfüllung der Anfangsbedingung (54) muß $c_2 = \frac{1}{2}$ sein. Also ist

$$\psi = \frac{1}{2} e^{-ax}$$

die der Differentialgleichung (53) *und den Bedingungen* (54) *und* (55) *genügende Lösung.*

Bei den partiellen Differentialgleichungen dienen die Anfangs- bzw. Randbedingungen zur Bestimmung der willkürlichen Funktionen $\Phi_1, \Phi_2, \ldots \Phi_n$, die im allgemeinen Integral einer partiellen Differentialgleichung n-ter Ordnung auftreten (vgl. S. 11). Dementsprechend haben hier die Randbedingungen die Form vorgegebener Funktionen von $m-1$ unabhängigen Variablen, wenn die in der Differentialgleichung auftretende Funktion m unabhängige Variable enthält.

Beispiel: Es genüge die Funktion $\psi = \psi(x, t)$ in dem Variablenbereich (*Grundgebiet*) $-\infty \leq x \leq +\infty$, $0 < t \leq +\infty$ der linearen und homogenen partiellen Differentialgleichung

$$\frac{\partial \psi}{\partial t} + c \frac{\partial \psi}{\partial x} = 0 \tag{56}$$

(c = Konstante), während für $t = 0$ die Funktion $\psi(x, t)$ mit einer vorgegebenen Funktion $f(x)$ übereinstimmen soll, d. h. die Anfangsbedingung lautet:

$$\psi(x, 0) = f(x)\,. \tag{57}$$

Man sieht zunächst, daß

$$\psi(x, t) = \Phi_1(x - ct) \tag{58}$$

das allgemeine Integral der vorgelegten Differentialgleichung (56) mit *einer willkürlichen Funktion* Φ_1 *der einen Variablenkombination* $x - ct = \xi$ darstellt. Es ist nämlich

$$\frac{\partial \Phi_1}{\partial t} = \frac{d\Phi_1}{d\xi}\frac{\partial \xi}{\partial t} = -c\frac{d\Phi_1}{d\xi}$$

und

$$c\frac{\partial \Phi_1}{\partial x} = c\frac{d\Phi_1}{d\xi}\frac{\partial \xi}{\partial x} = +c\frac{d\Phi_1}{d\xi},$$

also

$$\frac{\partial \Phi_1}{\partial t} + c\frac{\partial \Phi_1}{\partial x} = 0,$$

womit der vorgelegten Differentialgleichung genügt wird. Aus (58) folgt

$$\psi(x, 0) = \Phi_1(x),$$

und der Vergleich mit der Anfangsbedingung (57) liefert

$$\Phi_1(x) = f(x),$$

so daß aus Gl. (58)

$$\psi(x, t) = f(x - ct) \tag{59}$$

folgt, welche Lösung *der Differentialgleichung* (56) *und der Anfangsbedingung* (57) *genügt*, und somit die gewünschte Lösung darstellt.

Wenn in einer homogenen linearen Differentialgleichung linear ein unbestimmter Parameter auftritt, für den durch Randbedingungen, Periodizitätsforderung usw. derartige Werte zu bestimmen sind, daß das Problem eine nicht identisch verschwindende (*nichttriviale*) Lösung besitzt, so liegt ein *Eigenwertproblem* vor.

Beispiel: Es sind die Werte eines positiven Parameters λ zu bestimmen, für welche die Differentialgleichung

$$\frac{d^2 \varphi}{d x^2} + \lambda \varphi = 0 \tag{60}$$

mit den Randbedingungen

$$\varphi(0) = 0, \quad \varphi(\pi) = 0, \tag{61}$$

nichttriviale Lösungen besitzt und die entsprechenden Lösungen zu ermitteln. Nach (49, 50) ist

$$\varphi = c_1 \cos(\sqrt{\lambda} \cdot x) + c_2 \sin(\sqrt{\lambda} \cdot x)$$

das allgemeine Integral der Gleichung (60). Die erste der Randbedingungen (61) liefert $c_1 = 0$; es verbleibt

$$\varphi = c_2 \sin(\sqrt{\lambda} \cdot x), \tag{62}$$

welcher Ausdruck für $x = \pi$ nur verschwindet, wenn entweder

(a) $$c_2 = 0,$$

oder

(b) $$\sqrt{\lambda} = \pm 1, 2, 3, \ldots .$$

Der Fall (a) würde die triviale Lösung

$$\varphi(x) \equiv 0 \quad (0 \leq x \leq \pi)$$

zur Folge haben und ist auszuschließen. Der Fall (b) hingegen zeigt, daß nichttriviale Lösungen existieren für die *Eigenwerte*

$$\lambda_n = n^2, \quad (n = \pm 1, 2, 3, \ldots), \tag{63}$$

nämlich die dann durch Gl. (62) bestimmten dazu gehörenden *Eigenfunktionen*

$$\varphi_n = c_2 \sin(nx), \tag{64}$$

die den Differentialgleichungen

$$\frac{d^2 \varphi_n}{d x^2} + \lambda_n \varphi = 0 \quad (n = 1, 2, 3, \ldots) \tag{65}$$

und den Randbedingungen (61), d. h.

$$\varphi_n(0) = 0, \quad \varphi_n(\pi) = 0 \quad (n = 1, 2, 3, \ldots) \tag{66}$$

genügen. Zu zwei verschiedenen Eigenwerten λ_m und λ_n gehörende Eigenfunktionen φ_m und φ_n genügen den Differentialgleichungen

$$\frac{d^2 \varphi_m}{d x^2} + \lambda_m \varphi_m = 0,$$

$$\frac{d^2 \varphi_n}{d x^2} + \lambda_n \varphi_n = 0.$$

Multipliziert man die erste Gleichung mit φ_n, die zweite mit φ_m, subtrahiert die so entstehenden Gleichungen und integriert die

Differenz über das Grundgebiet $(0, \pi)$, so resultiert

$$\int_0^\pi \left(\varphi_n \frac{d^2 \varphi_m}{d x^2} - \varphi_m \frac{d^2 \varphi_n}{d x^2}\right) d x + (\lambda_m - \lambda_n) \int_0^\pi \varphi_m \varphi_n d x = 0 .$$

Das erste Integral auf der linken Seite kann

$$\int_0^\pi \frac{d}{d x}\left(\varphi_n \frac{d \varphi_m}{d x} - \varphi_m \frac{d \varphi_n}{d x}\right) d x = \left(\varphi_n \frac{d \varphi_m}{d x} - \varphi_m \frac{d \varphi_n}{d x}\right)\Bigg|_0^\pi$$

geschrieben werden und verschwindet auf Grund der Randbedingungen (66); es verbleibt

$$(\lambda_m - \lambda_n) \int_0^\pi \varphi_m \varphi_n d x = 0 ,$$

oder wegen $\lambda_m \neq \lambda_n$:

$$\int_0^\pi \varphi_m \varphi_n dx = 0 , \quad (m \neq n) . \tag{67}$$

Die durch vorstehende Gleichung ausgedrückte Eigenschaft der Eigenfunktionen (64) heißt *Orthogonalität.* Durch passende Wahl der willkürlichen Konstanten c_2 können die Eigenfunktionen *normiert* werden:

$$\int_0^\pi \varphi_n^2 \, dx = (c_2)^2 \cdot \int_0^\pi \sin^2 (nx) \, dx = 1 , \tag{68}$$

wozu es wegen

$$\int_0^\pi \sin^2 (nx) \, dx = \frac{\pi}{2} \tag{69}$$

nur notwendig ist, $c_2 = \sqrt{\frac{2}{\pi}}$ zu setzen. Die Funktionen

$$\varphi_n = \sqrt{\frac{2}{\pi}} \sin (nx) \quad (n = 1, 2, 3 \ldots) \tag{70}$$

bilden dann ein *normiertes Orthogonalsystem.*

5. Simultane Differentialgleichungen.

Bisher haben wir nur Fälle betrachtet, bei denen *eine abhängige Variable* $\psi(t)$ bzw. $\psi(t, x, y, z \ldots)$ aus *einer* Differentialgleichung mit den dazugehörigen Anfangs- bzw. Grenzbedingungen zu bestimmen war. Nunmehr möge der Fall betrachtet werden, daß m Funktionen $u_1, u_2, u_3, \ldots u_m$ von einer (t) oder mehreren $(t, x, y, z, \ldots)$ unabhängigen Variablen in einem *System* von m Differentialgleichungen vorliegen. Wir beschränken uns auf Systeme von

Differentialgleichungen mit konstanten Koeffizienten und betrachten zunächst ein System von gewöhnlichen Differentialgleichungen, in denen die abhängigen Variablen $u_i(t)$ $(i = 1, 2, 3, \ldots m)$ nur Funktionen der einen unabhängigen Variablen t sind.

Ein System von m gewöhnlichen Differentialgleichungen kann stets auf die Form eines Systems von m Gleichungen *1. Ordnung:*

$$
\left\{
\begin{aligned}
&\frac{d u_1}{d t} + f_1(t, u_1, u_2, \ldots u_m) = 0, \\
&\frac{d u_2}{d t} + f_2(t, u_1, u_2, \ldots u_m) = 0, \\
&\ldots\ldots\ldots\ldots\ldots\ldots\ldots\ldots \\
&\frac{d u_m}{d t} + f_m(t, u_1, u_2, \ldots u_m) = 0,
\end{aligned}
\right.
\tag{71}
$$

oder kürzer

$$\frac{du_i}{d t} + f_i(t, u_1, u_2, \ldots u_m) = 0, \quad i = 1, 2, \ldots m \tag{72}$$

gebracht werden, worin f_i $(i = 1, 2, \ldots m)$ Funktionssymbole bedeuten. Dann würde beispielsweise eine 2. Ableitung auftreten, etwa $\frac{d^2 u_1}{d t^2}$, so führt man eine neue $(m+1)$-te Funktion

$$u_{m+1} = \frac{d u_1}{d t}$$

ein und hat die weitere Gleichung

$$\frac{d u_{m+1}}{d t} = \frac{d^2 u_1}{d t^2}.$$

Der Fall, daß in jeder der Funktionen f_i in (72) außer der unabhängigen Variablen t nur eine abhängige Variable und gerade die i-te auftritt, also

$$
\begin{aligned}
&\frac{d u_1}{d t} + f_1(t, u_1) = 0, \\
&\frac{d u_2}{d t} + f_2(t, u_2) = 0, \\
&\ldots\ldots\ldots\ldots\ldots\ldots \\
&\frac{d u_m}{d t} + f_m(t, u_m) = 0
\end{aligned}
$$

liefert m *voneinander unabhängige Differentialgleichungen* 1. Ordnung und bietet nichts Neues. Treten aber in den f_i $(i = 1, 2, \ldots m)$ auch andere abhängige Variablen als nur u_i auf, wodurch die Gleichungen des Systems (71) bzw. (72) *miteinander verknüpft* sind, so liegt ein System von *simultanen* gewöhnlichen Differentialgleichungen vor. Haben die Funktionen f_i speziell die Form

$$\begin{aligned} f_1 &= a_{11} u_1 + a_{12} u_2 + \dots + a_{1m} u_m - s_1(t), \\ f_2 &= a_{21} u_1 + a_{22} u_2 + \dots + a_{2m} u_m - s_2(t), \\ &\dots\dots\dots\dots\dots\dots\dots\dots\dots \\ f_m &= a_{m1} u_1 + a_{m2} u_2 + \dots + a_{mm} u_m - s_m(t), \end{aligned}$$

oder in kürzerer Schreibweise

$$f_i = \sum_1^m {}_k\, a_{ik} u_k - s_i(t) \quad (i = 1, 2, \dots m)$$

mit den Konstanten a_{ik} $(i, k = 1, 2, \dots m)$ und den Störungsfunktionen $s_i(t)$ $(i = 1, 2, \dots m)$, so nimmt das System (71) bzw. (72) die Form an:

$$(73) \quad \left\{ \begin{aligned} \frac{d u_1}{d t} + a_{11} u_1 + a_{12} u_2 + \dots + a_{1m} u_m &= s_1(t), \\ \frac{d u_2}{d t} + a_{21} u_1 + a_{22} u_2 + \dots + a_{2m} u_m &= s_2(t), \\ &\dots\dots\dots\dots\dots\dots \\ \frac{d u_m}{d t} + a_{m1} u_1 + a_{m2} u_2 + \dots + a_{mm} u_m &= s_m(t), \end{aligned} \right.$$

oder in kürzerer Schreibweise:

$$(74) \quad \frac{d u_i}{d t} + \sum_1^m {}_k\, a_{ik} u_k = s_i(t), \quad (i = 1, 2, \dots m)$$

und heißt *System simultaner linearer Differentialgleichungen 1. Ordnung mit konstanten Koeffizienten.* Das System heißt *homogen,* wenn *alle* $s_i(t) = 0$ $(i = 1, 2, \dots m)$ und wird dann D'ALEMBERTsches System genannt. Die Integration eines Systems (73) werden wir später behandeln (vgl. S. 97).

Enthält ein System simultaner linearer Differentialgleichungen nur *zwei* abhängige Variable (u_1, u_2), so ist es oft zweckmäßig, das System in eine Differentialgleichung für die komplexe Funktion[1]

$$(75) \qquad w = u_1 + i\, u_2$$

überzuführen $(i = \sqrt{-1})$. Betrachten wir z. B. das folgende, in der Geophysik bedeutsame System simultaner partieller Differentialgleichungen

$$(76) \quad \begin{aligned} \frac{\partial u_1}{\partial t} - \Omega u_2 - \nu \frac{\partial^2 u_1}{\partial z^2} &= 0, \\ \frac{\partial u_2}{\partial t} + \Omega u_1 - \nu \frac{\partial^2 u_2}{\partial z^2} &= 0, \end{aligned}$$

[1] Eine *komplexe Funktion* ist *nicht* mit einer *Funktion einer komplexen Veränderlichen* zu verwechseln.

mit gegebenen Konstanten Ω und ν, während u_1 und u_2 Funktionen der unabhängigen Variablen t und z darstellen. Schreibt man wegen $i^2 = -1$ die erste dieser Gleichungen (76) wie folgt:

$$\frac{\partial u_1}{\partial t} + i^2 \Omega u_2 - \nu \frac{\partial^2 u_1}{\partial z^2} = 0,$$

und addiert hierzu die mit i multiplizierte zweite Gleichung, so folgt mit Rücksicht auf Gl. (75) für die komplexe Funktion w die Differentialgleichung

$$\frac{\partial w}{\partial t} + i \Omega w - \nu \frac{\partial^2 w}{\partial z^2} = 0, \tag{77}$$

deren Integral wieder eine komplexe Funktion ist, sich also in der Form

$$w = U_1 + i U_2 \tag{78}$$

mit den reellen Funktionen $U_1 = U_1(z, t)$, $U_2 = U_2(z, t)$ darstellen läßt. Aus (75) und (78) folgt

$$u_1 + i u_2 = U_1 + i U_2, \tag{79}$$

und die Gleichsetzung der reellen und imaginären Teile liefert in den Gleichungen

$$u_1 = U_1, \quad u_2 = U_2 \tag{80}$$

die Lösungen des Systems (76).

II. Differentialgleichungen der mathematischen Physik.

A. Gewöhnliche Differentialgleichungen.

1. Bewegungsgleichungen der Punktdynamik, bezogen auf ein Inertialsystem.

Wir bezeichnen mit x, y, z ein rechtwinkliges Kartesisches Koordinatensystem, mit t die Zeit. Das Koordinatensystem wählen wir stets als *Rechtssystem*, bei dem eine Drehung von der positiven x-Achse zur positiven y-Achse (auf kürzestem Wege) von der positiven z-Achse gesehen als Rechtsdrehung (d. h. als Drehung entgegen dem Bewegungssinn des Uhrzeigers) er-

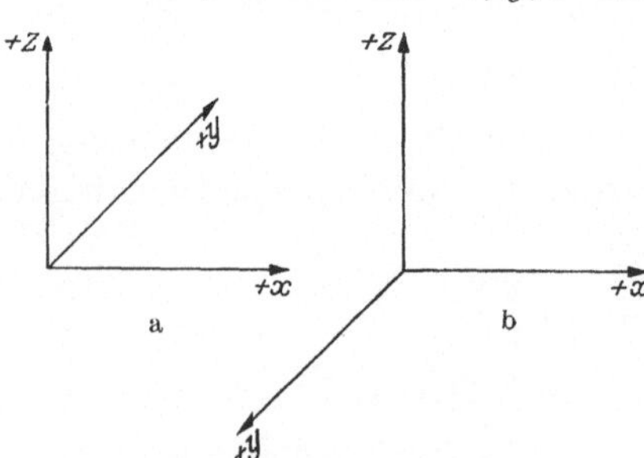

Abb. 1. Kartesische Koordinatensysteme. a = Rechtssystem, b = Linkssystem.

scheint. Mit m bezeichnen wir die Masse des Massenpunktes. Die Aufgabe der Punktdynamik besteht dann darin, die Bewegung des Massenpunktes unter dem Einfluß gegebener Kräfte durch Angabe der Lagekoordinaten $x(t)$, $y(t)$, $z(t)$ des Massenpunktes als Funktionen der Zeit für alle Zeiten $t > 0$ eindeutig zu bestimmen, wenn für die Zeit $t = 0$ Anfangslage und Anfangsgeschwindigkeit gegeben sind. Der vom Koordinatennullpunkt zur jeweiligen Position des Massenpunktes $x(t)$, $y(t)$, $z(t)$ führende Vektor

$$\mathfrak{r}(t) \equiv x(t),\ y(t),\ z(t) \tag{81}$$

heißt *Ortsvektor;* durch einmalige Differentiation nach der Zeit ergibt sich daraus der *Geschwindigkeitsvektor*

$$\frac{d\mathfrak{r}}{dt} = \mathfrak{v}(t) \equiv v_x(t),\ v_y(t),\ v_z(t) \tag{82}$$

mit den *Geschwindigkeitskomponenten*

$$v_x = \frac{dx}{dt},\quad v_y = \frac{dy}{dt},\quad v_z = \frac{dz}{dt}, \tag{83}$$

und nochmalige Differentiation ergibt den *Beschleunigungsvektor*

$$\frac{d\mathfrak{v}}{dt} = \mathfrak{b} \equiv b_x,\ b_y,\ b_z \tag{84}$$

mit den *Beschleunigungskomponenten*

$$b_x = \frac{dv_x}{dt} = \frac{d^2x}{dt^2},\quad b_y = \frac{dv_y}{dt} = \frac{d^2y}{dt^2},\quad b_z = \frac{dv_z}{dt} = \frac{d^2z}{dt^2}. \tag{85}$$

Eine Bewegung heißt *geradlinig und gleichförmig*, wenn $\mathfrak{b} = 0$, also $\mathfrak{v}$ = konstanter Vektor; ist $\mathfrak{v} = 0$, so ist der Massenpunkt relativ zum zugrundegelegten Koordinatensystem *in Ruhe.* Die mathematische Fassung des 1. NEWTONschen[1] Bewegungsaxioms (GALILEIsches[2] Trägheitsgesetz), wonach ein Körper im Zustand der *Ruhe* oder der *geradlinigen und gleichförmigen Bewegung* verharrt, solange er *nicht durch Kräfte* gezwungen wird, seinen Bewegungszustand zu ändern, lautet also

$$\frac{d^2\mathfrak{r}}{dt^2} = \frac{d\mathfrak{v}}{dt} = 0, \tag{86}$$

und ein Koordinatensystem, in bezug auf welches das Trägheitsgesetz gilt, heißt *Inertialsystem.* Rotierende Koordinatensysteme sind keine Inertialsysteme, da z. B. ein Massenpunkt, der sich in einem Inertialsystem geradlinig und gleichförmig bewegt, in bezug auf ein relativ zu diesem Inertialsystem rotierendes Koordinatensystem keine geradlinige Bahn beschreibt. Die in der Geophysik

[1] ISAAC NEWTON, englischer Mathematiker und Physiker, 1643—1727.
[2] GALILEO GALILEI, italienischer Naturforscher, 1564—1642.

gebräuchlichen, mit der rotierenden Erde fix verbundenen Koordinatensysteme sind also keine Inertialsysteme.

Unterliegt der frei bewegliche Massenpunkt der Einwirkung einer Kraft

$$\mathfrak{K} \equiv K_x,\ K_y,\ K_z, \tag{87}$$

so besagt das 2. NEWTONsche Bewegungsaxiom: *Die Beschleunigung ist der wirkenden Kraft proportional und erfolgt in Richtung der Kraft;* der Proportionalitätsfaktor ist die reziproke Masse, also $\mathfrak{b} = \frac{1}{m}\mathfrak{K}$, d. h. nach Gl. (84):

$$m\frac{d\mathfrak{v}}{dt} = \mathfrak{K}, \tag{88}$$

oder in Komponentendarstellung:

$$m\frac{dv_x}{dt} = K_x,\quad m\frac{dv_y}{dt} = K_y,\quad m\frac{dv_z}{dt} = K_z, \tag{89}$$

bzw.

$$m\frac{d^2x}{dt^2} = K_x,\quad m\frac{d^2y}{dt^2} = K_y,\quad m\frac{d^2z}{dt^2} = K_z, \tag{90}$$

sind mathematische Fassungen des 2. NEWTONschen Bewegungsaxioms. $\mathfrak{K}$ kann eine Funktion von x, y, z, t sein; die Integration des Systems (90) liefert 6 Integrationskonstanten, die durch die Anfangsbedingungen für $x(0)$, $y(0)$, $z(0)$, $v_x(0)$, $v_y(0)$, $v_z(0)$ zu bestimmen sind.

2. Bewegungsgleichungen der Punktdynamik, bezogen auf ein rotierendes Koordinatensystem.

Die Rotation eines Koordinatensystems wird durch einen *Drehvektor* $\mathfrak{w}$ beschrieben, dessen *Richtung* mit der momentanen Rotationsachse derart zusammenfällt, daß die Drehung des Systems von der Spitze von $\mathfrak{w}$ aus gesehen als *Rechtsdrehung* (vgl. S. 20) erscheint, und dessen absoluter *Betrag* $|\mathfrak{w}| = \omega$ mit der Winkelgeschwindigkeit der Drehung um diese Achse übereinstimmt. Bei einem mit der rotierenden Erde fix verbundenen Koordinatensystem hat $\mathfrak{w}$ die Richtung der Erdachse und weist zum nördlichen Himmelspol, da dann die West-Ost-Rotation der Erde eine Rechtsdrehung im Sinne der S. 20 gegebenen Definition darstellt. Der Absolutbetrag von $\mathfrak{w}$ ist

$$|\mathfrak{w}| = \omega = \frac{2\pi}{\textit{Sterntag}} = 7{,}292\cdot 10^{-5}\ \mathrm{sec}^{-1}. \tag{91}$$

Die *kräftefreie Bewegung* eines Massenpunktes wird *im rotierenden*

Koordinatensystem an Stelle der für ein Inertialsystem geltenden Gleichung (86) durch die Gleichung

$$m \frac{d\mathfrak{v}}{dt} = \mathfrak{Z} + 2m[\mathfrak{v}, \mathfrak{w}] \tag{92}$$

beschrieben, in der $\mathfrak{Z}$ die *durch die Rotation bedingte Zentrifugalkraft* und $2m[\mathfrak{v}, \mathfrak{w}]$ die *ablenkende Kraft der Erdrotation* oder Corioliskraft[1] bedeutet, die für jeden *relativ zum rotierenden System bewegten* Massenpunkt auftritt, denn $\mathfrak{v}$ bedeutet in (92) die *Geschwindigkeit relativ zum rotierenden System.* Hat der Drehvektor $\mathfrak{w}$ im rotierenden System die Komponenten ω_x, ω_y, ω_z, so ist die Komponentendarstellung des Vektorprodukts $[\mathfrak{v}, \mathfrak{w}]$:

$$\begin{cases} [\mathfrak{v}, \mathfrak{w}]_x = v_y\,\omega_z - v_z\,\omega_y\,, \\ [\mathfrak{v}, \mathfrak{w}]_y = v_z\,\omega_x - v_x\,\omega_z\,, \\ [\mathfrak{v}, \mathfrak{w}]_z = v_x\,\omega_y - v_y\,\omega_x\,. \end{cases} \tag{93}$$

Unterliegt der Massenpunkt noch der *Attraktion* $\mathfrak{A}$ des Erdkörpers, so ist die Bewegungsgleichung (92) folgendermaßen zu erweitern:

$$m \frac{d\mathfrak{v}}{dt} = \mathfrak{A} + \mathfrak{Z} + 2m[\mathfrak{v}, \mathfrak{w}], \tag{94}$$

in der $\mathfrak{G} = \mathfrak{A} + \mathfrak{Z}$ das *Gewicht*, d. h. die mit der Masse m multiplizierte *Schwerebeschleunigung* $\mathfrak{g}$ bedeutet: $\mathfrak{G} = m\,\mathfrak{g}$. Die Gl. (94) kann daher auch

$$\frac{d\mathfrak{v}}{dt} = \mathfrak{g} + 2[\mathfrak{v}, \mathfrak{w}] \tag{95}$$

geschrieben werden; der Term $2[\mathfrak{v}, \mathfrak{w}]$ heißt Coriolisbeschleunigung. Da die Schwerebeschleunigung als *Gradient eines Potentials*, des *Schwerepotentials* Φ darstellbar ist:

$$\mathfrak{g} = -\operatorname{grad} \Phi, \tag{96}$$

oder in Komponentendarstellung:

$$g_x = -\frac{\partial \Phi}{\partial x}, \quad g_y = -\frac{\partial \Phi}{\partial y}, \quad g_z = -\frac{\partial \Phi}{\partial z}, \tag{97}$$

kann die Gl. (95) auch auf die Form

$$\frac{d\mathfrak{v}}{dt} = -\operatorname{grad} \Phi + 2[\mathfrak{v}, \mathfrak{w}], \tag{98}$$

oder in Komponentendarstellung:

$$\begin{cases} \dfrac{dv_x}{dt} = -\dfrac{\partial \Phi}{\partial x} + 2(\omega_z v_y - \omega_y v_z), \\ \dfrac{dv_y}{dt} = -\dfrac{\partial \Phi}{\partial y} + 2(\omega_x v_z - \omega_z v_x), \\ \dfrac{dv_z}{dt} = -\dfrac{\partial \Phi}{\partial z} + 2(\omega_y v_x - \omega_x v_y), \end{cases} \tag{99}$$

[1] Gaspard Gustave Coriolis, französischer Mathematiker (1792—1843).

gebracht werden. Geben wir dem mit der Erde fix verbundenen Kartesischen Koordinatensystem die folgende Orientierung, wobei der Nullpunkt mit einem Punkt auf der Erdoberfläche in der geographischen Breite φ zusammenfallen möge: x-Achse gegen Osten (tangential zum Breitenkreis), y-Achse gegen Norden (tangential zum Meridian), z-Achse vertikal, so hat $\mathfrak{w}$ die Komponenten

$$\omega_x = 0, \quad \omega_y = \omega \cos \varphi, \quad \omega_z = \omega \sin \varphi,$$

und die Bewegungsgleichungen (99) nehmen die Form an:

$$(100) \quad \begin{cases} \dfrac{d v_x}{d t} = -\dfrac{\partial \Phi}{\partial x} + 2\,\omega \sin \varphi\, v_y - 2\,\omega \cos \varphi\, v_z, \\ \dfrac{d v_y}{d t} = -\dfrac{\partial \Phi}{\partial y} - 2\,\omega \sin \varphi\, v_x, \\ \dfrac{d v_z}{d t} = -\dfrac{\partial \Phi}{\partial z} + 2\,\omega \cos \varphi\, v_x. \end{cases}$$

Gemäß Definition des Vektorprodukts ist die Coriolisbeschleunigung $2\,[\mathfrak{v}, \mathfrak{w}]$ senkrecht zu $\mathfrak{v}$ *und* $\mathfrak{w}$, d. h. es verschwinden die skalaren Produkte

$$(101) \qquad 2\,[\mathfrak{v}, \mathfrak{w}]\,\mathfrak{w} = 0$$

und

$$(102) \qquad 2\,[\mathfrak{v}, \mathfrak{w}]\,\mathfrak{v} = 0\,.$$

Die Gl. (101) drückt aus, daß die Coriolisbeschleunigung in eine *Breitenkreisebene* fällt, während Gl. (102) besagt, daß aus der ablenkenden Kraft der Erdrotation keine Arbeit gewonnen werden kann. Skalare Multiplikation der Gl. (98) mit $\mathfrak{v}$ ergibt mit Rücksicht auf Gl. (102):

$$(103) \qquad \mathfrak{v}\,\frac{d\mathfrak{v}}{d t} = \frac{d}{d t}\left(\frac{v^2}{2}\right) = -\,\mathfrak{v}\,\operatorname{grad}\Phi,$$

worin $v = \sqrt{\mathfrak{v}^2} = \sqrt{v_x^2 + v_y^2 + v_z^2}$ den Absolutbetrag von $\mathfrak{v}$ bedeutet. Enthält Φ die Zeit nicht explizit (*konservatives System*), also

$$(104) \qquad \Phi = \Phi\,(x, y, z),$$

($\Phi = \Phi\,(x, y, z, t)$ ergibt ein *nichtkonservatives* System), so ist

$$(105) \qquad \frac{d\Phi}{d t} = \frac{\partial \Phi}{\partial x}\frac{d x}{d t} + \frac{\partial \Phi}{\partial y}\frac{d y}{d t} + \frac{\partial \Phi}{\partial z}\frac{d z}{d t} = \mathfrak{v}\,\operatorname{grad}\Phi,$$

und aus Gl. (103) folgt

$$\frac{d}{d t}\left(\frac{v^2}{2} + \Phi\right) = 0,$$

oder auch

$$(106) \qquad \frac{d}{d t}\left(m\frac{v^2}{2} + m\,\Phi\right) = 0,$$

d. h. die Summe der *kinetischen Energie* $m\frac{v^2}{2}$ und der *potentiellen* Energie $m\,\Phi$ des Massenpunktes bleibt bei der Bewegung konstant (*Energiesatz*).

3. Bewegungsgleichung eines Elektrons im elektromagnetischen Feld.

Der Massenpunkt besitze eine elektrische Ladung e; in einem elektrischen Feld mit der Feldstärke

$$\mathfrak{E} \equiv E_x,\ E_y,\ E_z$$

unterliegt dann der Massenpunkt einer Kraft

$$\mathfrak{K} = e\,\mathfrak{E}. \tag{107}$$

Sind keine weiteren Kräfte vorhanden oder etwa vorhandene andere Kräfte (Schwere) zu vernachlässigen, so lautet die Bewegungsgleichung in einem Inertialsystem nach (88) und (107):

$$m\frac{d\mathfrak{v}}{d\,t} = e\,\mathfrak{E} \tag{108}$$

Ist noch ein magnetisches Feld mit der Feldstärke

$$\mathfrak{H} \equiv H_x,\ H_y,\ H_z$$

vorhanden, so unterliegt infolge der Bewegung der elektrisch geladene Massenpunkt noch der ponderomotorischen Kraft

$$\frac{e}{c}\,[\mathfrak{v},\,\mathfrak{H}] \tag{109}$$

(c = Lichtgeschwindigkeit) und die Bewegungsgleichung (108) ist in

$$m\frac{d\mathfrak{v}}{d\,t} = e\left(\mathfrak{E} + \frac{1}{c}\,[\mathfrak{v},\,\mathfrak{H}]\right) \tag{110}$$

zu erweitern; die auf der rechten Seite stehende Gesamtkraft heißt Lorentzkraft[1]. Es muß bemerkt werden, daß die vorstehende Gleichung insofern nicht streng richtig ist, als die bei großen Geschwindigkeiten merkbar werdende Massenveränderlichkeit einerseits, sowie andererseits die Rückwirkung des durch die beschleunigte Bewegung der elektrischen Ladung erzeugten elektromagnetischen Feldes auf die Ladung selbst nicht berücksichtigt ist, denn die in Gl. (110) auftretenden Felder $\mathfrak{E}$ und $\mathfrak{H}$ sind gegebene (aufgeprägte) Felder. Doch genügt die Gl. (110) für geophysikalische Anwendungen, beispielsweise zur Untersuchung der Beeinflussung der Ausbreitung elektrischer Wellen durch ionisierte Schichten der höchsten Atmosphäre (Ionosphäre).

---

[1] Hendrik Antoon Lorentz, niederländischer Physiker, 1853—1928.

Die Komponentendarstellung der Vektorgleichung (110) lautet:

$$(111)\quad \begin{cases} m\dfrac{d v_x}{d t} = e\left\{E_x + \dfrac{1}{c}(H_z v_y - H_y v_z)\right\}, \\ m\dfrac{d v_y}{d t} = e\left\{E_y + \dfrac{1}{c}(H_x v_z - H_z v_x)\right\}, \\ m\dfrac{d v_z}{d t} = e\left\{E_z + \dfrac{1}{c}(H_y v_x - H_x v_y)\right\}. \end{cases}$$

Sind in einem gewissen Feldbereich die Komponenten der magnetischen Feldstärke sämtlich konstant, so ist das Magnetfeld in diesem Bereich *homogen* und die Gleichungen (111) für die Bewegung eines elektrisch geladenen Massenpunktes in einem Inertialsystem sind mit den Bewegungsgleichungen für einen ungeladenen Massenpunkt relativ zu einem mit konstanter Winkelgeschwindigkeit $\mathfrak{w}$ rotierenden System (vgl. S. 23) mathematisch äquivalent.

Beziehen wir die Gl. (110) auf ein rotierendes Koordinatensystem, dessen Rotation durch einen Drehvektor $\mathfrak{f} \equiv f_x, f_y, f_z$ zu beschreiben ist, so ist entsprechend dem Übergang von (86) zu (92) die Gleichung (110) auf der rechten Seite durch *die durch die Rotation des Systems bedingte Zentrifugalkraft* $\mathfrak{Z}$ und *die durch die Bewegung relativ zum rotierenden System bedingte Corioliskraft* $2\,m\,[\mathfrak{v}, \mathfrak{f}]$ zu erweitern:

$$(112)\qquad m\frac{d\mathfrak{v}}{d t} = e\left(\mathfrak{E} + \frac{1}{c}[\mathfrak{v}, \mathfrak{H}]\right) + \mathfrak{Z} + 2\,m\,[\mathfrak{v}, \mathfrak{f}].$$

Ist ein elektrisches Feld relativ zum rotierenden System nicht vorhanden: $\mathfrak{E} = 0$, so wird

$$(113)\qquad m\frac{d\mathfrak{v}}{d t} = \mathfrak{Z} + 2\,m\left[\mathfrak{v}, \mathfrak{f} + \frac{e\,\mathfrak{H}}{2\,mc}\right].$$

Wählt man $\mathfrak{f}$ so, daß

$$\mathfrak{f} + \frac{e\,\mathfrak{H}}{2\,mc} = 0$$

wird, d. h. präzessiert das rotierende System mit der Winkelgeschwindigkeit

$$(114)\qquad \mathfrak{f} = -\frac{e\,\mathfrak{H}}{2\,mc}$$

um die Richtung des magnetischen Feldes $\mathfrak{H}$, *so unterliegt der elektrisch geladene Massenpunkt in diesem System nicht mehr einer ponderomotorischen Einwirkung durch das Magnetfeld*, da

$$\left[\mathfrak{v}, \mathfrak{f} + \frac{e\,\mathfrak{H}}{2\,mc}\right] \equiv 0,$$

welcher Satz als LARMOR-Theorem[1] bekannt ist.

[1] Sir JOSEPH LARMOR, englischer Mathematiker und Physiker, geb. 1857.

4. Schwingungsgleichungen.

Wenn der zeitliche Verlauf einer physikalischen Größe $f = f(t)$ durch eine Gleichung der Form

$$f(t) = M + A \sin\left(\frac{2\pi}{T} t + B\right) \tag{115}$$

gegeben ist, so schwankt die Größe f zwischen dem Maximalwert $M + A$ und dem Minimalwert $M - A$ *periodisch* mit der *Periode* T, denn es ist

$$f(t) = f(t + nT) \quad (n = 0, 1, 2 \ldots)$$

und man sagt, $f(t)$ vollführt eine *harmonische Schwingung* mit der *Schwingungsdauer* T um den Mittelwert M:

$$M = \frac{1}{nT} \int_0^{nT} f(t)\, dt = \bar{f}.$$

Die Abweichung vom Mittelwert $f(t) - \bar{f} = \psi(t)$ vollführt gemäß

$$\psi(t) = A \sin\left(\frac{2\pi}{T} t + B\right) \tag{116}$$

auch eine harmonische Schwingung mit derselben Schwingungsdauer T um den Mittelwert Null. A heißt die *Amplitude* der Schwingung, das Argument $\left(\frac{2\pi}{T} t + B\right)$ die *Phase*, B die *Phasenkonstante*, $\nu = 1/T$ die *Frequenz* oder *Schwingungszahl* und $\omega_0 = 2\pi/T$ die *Kreisfrequenz*. Schreiben wir für Gl. (116)

$$\psi = A \sin(\omega_0 t + B), \tag{117}$$

bilden

$$\frac{d^2\psi}{dt^2} = -\omega_0^2 A \sin(\omega_0 t + B)$$

und substituieren hierin Gl. (117), so folgt die *Schwingungsgleichung*

$$\frac{d^2\psi}{dt^2} + \omega_0^2 \psi = 0. \tag{118}$$

Das allgemeine Integral dieser Gleichung ist nach (49) und (50)

$$\psi = c_1 \cos(\omega_0 t) + c_2 \sin(\omega_0 t), \tag{119}$$

und diese Gleichung ist mit (117) wegen

$$\sin(\omega_0 t + B) = \sin B \cos(\omega_0 t) + \cos B \sin(\omega_0 t)$$

identisch, wenn

$$c_1 = A \sin B, \quad c_2 = A \cdot \cos B, \tag{120}$$

d. h. *die beiden willkürlichen Integrationskonstanten* c_1 und c_2 in (119) *bestimmen Amplitude und Phasenkonstante der Schwingung* gemäß den aus (120) folgenden Gleichungen

(121) $$A = \sqrt{c_1^2 + c_2^2}\,, \quad B = \operatorname{arctg}\left(\frac{c_1}{c_2}\right).$$

Der Koeffizient ω_0^2 in der Schwingungsgleichung (118) bedeutet physikalisch das Quadrat der Kreisfrequenz und ermöglicht sofort die Bestimmung der Schwingungsdauer. Liegt beispielsweise die Bewegungsgleichung eines *mathematischen Pendels* in der Form

(122) $$\frac{d^2 \psi}{d t^2} + \frac{g}{l} \psi = 0$$

vor, die für kleine Winkelabweichungen ψ von der Gleichgewichtslage gilt und in der l die Pendellänge und g den Absolutbetrag der Schwerebeschleunigung bedeutet, so ergibt der Vergleich mit Gl. (118)

$$\omega_0^2 = \frac{g}{l}\,,$$

also wegen $\omega_0 = 2\,\pi/T$:

(123) $$T = 2\,\pi \sqrt{\frac{l}{g}}\,.$$

Schwingungsgleichungen vom Typus (118) beschreiben *freie* Schwingungen; die Kreisfrequenz ω_0 (bzw. die Frequenz $\nu = \omega_0/2\pi$) freier Schwingungen wird auch *Eigenfrequenz* genannt.

Setzen wir in den Bewegungsgleichungen (9) für einen Massenpunkt

(124) $$K_x = -\,kx,\ K_y = 0,\ K_z = 0\,,$$

und verstehen unter x die Abweichung des Massenpunktes von seiner Gleichgewichtslage $x = 0$, so bedeutet Gl. (124), daß der Massenpunkt einer der Entfernung x proportionalen Kraft in der x-Richtung unterliegt, wenn k eine positive Konstante (Kraft pro Längeneinheit) bedeutet, und die Bewegungsgleichung wird nach Gl. (90) und (124):

$$m\,\frac{d^2 x}{d t^2} = -\,kx\,,$$

oder

(125) $$\frac{d^2 x}{dt^2} + \frac{k}{m}\,x = 0\,,$$

woraus wir sofort schließen können, daß der Massenpunkt eine harmonische Schwingung mit der Kreisfrequenz

(126) $$\omega_0 = \sqrt{\frac{k}{m}}$$

um die Gleichsgewichtlage vollführt:

$$x = A \sin(\omega_0 t + B) \tag{127}$$

Bilden wir aus Gl. (125) durch Multiplikation mit $\frac{dx}{dt} = v_x$ die Gleichung

$$v_x \frac{d v_x}{d t} + \frac{k}{m} x \frac{d x}{d t} = 0,$$

so folgt daraus

$$\frac{d}{dt}\left(m \frac{v_x^2}{2} + k \frac{x^2}{2}\right) = 0 \tag{128}$$

als Form des Energiesatzes, wobei

$$E_{kin} = \frac{m \cdot v_x^2}{2}$$

die kinetische und

$$E_{pot} = k \frac{x^2}{2}$$

die potentielle Energie bedeutet. Bilden wir die Mittelwerte beider Energieformen für eine Periode:

$$\overline{E}_{kin} = \frac{1}{T} \int_0^T E_{kin}\, dt$$

und

$$\overline{E}_{pot} = \frac{1}{T} \int_0^T E_{pot}\, dt.$$

Aus Gl. (127) folgt zunächst

$$v_x = \omega_0 A \cos(\omega_0 t + B),$$

daher ist

$$\overline{E}_{kin} = \frac{m A^2 \omega_0^2}{2T} \cdot \int_0^T \cos^2(\omega_0 t + B)\, dt. \tag{129}$$

Für $\overline{E}_{pot}$ folgt aus Gl. (127) mit Rücksicht auf Gl. (126)

$$\overline{E}_{pot} = \frac{A^2 K}{2T} \cdot \int_0^T \sin^2(\omega_0 t + B)\, dt = \frac{A^2 \omega_0^2}{2T} \cdot \int_0^T \sin^2(\omega_0 t + B)\, dt. \tag{130}$$

Nun ergeben die beiden Integrale

$$J_1 = \int_0^T \cos^2(\omega_0 t + B)\, dt$$

und

$$J_2 = \int_0^T \sin^2(\omega_0 t + B)\, dt$$

den gleichen Wert:

(131) $$J_1 = J_2 = \frac{T}{2},$$

denn es ist

(132) $$J_1 + J_2 = \int_0^T dt = T$$

und

(133) $$J_1 - J_2 = \int_0^T \cos\left[2\left(\omega_0 t + B\right)\right] dt = 0,$$

wobei von der elementaren trigonometrischen Formel

(134) $$\cos^2(\omega_0 t + B) - \sin^2(\omega_0 t + B) = \cos\left[2\left(\omega_0 t + B\right)\right]$$

Gebrauch gemacht wurde. Aus (132) und (133) folgt Gleichung (131) und damit:

$$\overline{E}_{kin} = m \frac{A^2}{4} \omega_0^2,$$

$$\overline{E}_{pot} = m \frac{A^2}{4} \omega^2,$$

d. h. die Mittelwerte der kinetischen und potentiellen Energie stimmen überein.

Vollzieht sich die Bewegung des Massenpunktes in einem widerstehenden Mittel, so ist eine die Bewegung hemmende Reibungskraft R_x in Rechnung zu stellen; die Annahme, daß die Reibung der jeweiligen Geschwindigkeit des Massenpunktes proportional ist, führt auf den Ansatz

(135) $$R_x = -2b \cdot v_x = -2b \cdot \frac{dx}{dt},$$

worin $2b$ eine *Reibungskonstante* bedeutet (der Faktor 2 wurde aus Zweckmäßigkeitsgründen eingeführt). Bei Einführung der Reibung ist die Bewegungsgleichung (125) in

$$m \frac{d^2 x}{dt^2} = -kx - 2b \frac{dx}{dt},$$

d. h.

(136) $$\frac{d^2 x}{dt^2} + 2 \frac{b}{m} \frac{dx}{dt} + \frac{k}{m} x = 0$$

zu erweitern. Das allgemeine Integral von Gl. (136) ist durch

(137) $$x = A e^{-\frac{b}{m} t} \sin(\omega_0 t + B)$$

mit der Eigenfrequenz

(138) $$\omega_0 = \sqrt{\frac{k}{m} - \left(\frac{b}{m}\right)^2}$$

gegeben. Durch zweimalige Differentation der aus (137) folgenden Gleichung

$$x\,e^{+\frac{b}{m}t} = A \sin(\omega_0 t + B)$$

erhält man nämlich

$$\left(\frac{d^2 x}{d t^2} + 2\frac{b}{m}\frac{d x}{d t} + \frac{b^2}{m^2}\right) e^{+\frac{b}{m}t} = -\,\omega_0^2 A \sin(\omega_0 t + B),$$

woraus mit Rücksicht auf (138) sofort die Gleichung (136) resultiert. Das allgemeine Integral (137) stellt eine *gedämpfte Schwingung* mit zeitlich abnehmender Amplitude und einer gegenüber der Eigenfrequenz (126) einer ungedämpften Schwingung verkleinerten Eigenfrequenz (138), also *vergrößerten Schwingungsdauer*

(139) $$T = \frac{2\pi}{\sqrt{\frac{k}{m} - \left(\frac{b}{m}\right)^2}}$$

dar. Zwei im Abstand einer Periode aufeinanderfolgende Elongationen $x(t)$ und $x(t+T)$ sind nach Gl. (137) durch

$$x(t) = A\,e^{-\frac{b}{m}t} \sin(\omega_0 t + B)$$

$$x(t+T) = A\,e^{-\frac{b}{m}(t+T)} \sin(\omega_0 t + B)$$

gegeben, da $\omega_0 T = 2\pi$; das Verhältnis beider Elongationen ist

$$\frac{x(t)}{x(t+T)} = e^{+\frac{b}{m}T}.$$

Den natürlichen Logarithmus (log) dieses Amplitudenverhältnisses, also die Größe

(140) $$\log \frac{x(t)}{x(t+T)} = \frac{b}{m} T$$

bezeichnet man seit GAUSS[1] als das *logarithmische Dekrement* der gedämpften freien Schwingung, die somit durch die Anfangsamplitude A, die Eigenfrequenz ω_0 (138), die Phasenkonstante B und das logarithmische Dekrement (140) eindeutig charakterisiert ist. Die Bewegung wird nach Gl. (138) aperiodisch, wenn $\left(\frac{b}{m}\right)^2 \geq \frac{k}{m}$, der Fall $\left(\frac{b}{m}\right)^2 = \frac{k}{m}$ heißt *aperiodischer Grenzfall.* Da im aperiodischen Grenzfall $\omega_0 = 0$, reduziert sich Gl. (137) auf

$$x = A \sin B \cdot e^{-\frac{b}{m}t} = C_1\,e^{-\frac{b}{m}t},$$

[1] KARL FRIEDRICH GAUSS, deutscher Mathematiker, 1777—1855.

welche Gleichung nicht mehr das allgemeine Integral der Differentialgl. (136) darstellt, da $A \sin B = C_1$ nur eine willkürliche Konstante bedeutet (vgl. S. 6). Man bestätigt aber sofort durch Differentiation, daß auch

$$x = C_2 t e^{-\frac{b}{m} t}$$

ein partikuläres Integral von Gl. (136) für $\frac{k}{m} = \left(\frac{b}{m}\right)^2$ ist, so daß

$$x = (C_1 + C_2 t) e^{-\frac{b}{m} t}$$

das allgemeine Integral von Gl. (136) für den aperiodischen Grenzfall darstellt.

Die Einwirkung äußerer Kräfte, die mathematisch als Störungsfunktionen $f(t)$ auf den rechten Seiten der Gleichungen für ungedämpfte [Gl. (125)] bzw. gedämpfte Schwingungen [Gl. (136)] darzustellen sind, führt zu *erzwungenen Schwingungen;* die Differentialgleichungen erzwungener Schwingungen haben also die Form:

$$\text{(141)} \qquad \frac{d^2 x}{d t^2} + \frac{k}{m} x = f(t)$$

(ungedämpfte Schwingung) bzw.

$$\text{(142)} \qquad \frac{d^2 x}{d t^2} + 2 \frac{b}{m} \frac{d x}{d t} + \frac{k}{m} x = f(t)$$

(gedämpfte Schwingung). Führen wir die entsprechenden Eigenfrequenzen ω_0 nach den Gleichungen (126) bzw. (138) ein, so können die Gleichungen (141, 142) wie folgt geschrieben werden:

$$\text{(143)} \qquad \frac{d^2 x}{d t^2} + \omega_0^2 x = f(t),$$

(ungedämpfte Schwingung) bzw.

$$\text{(144)} \qquad \frac{d^2 x}{d t^2} + 2 \frac{b}{m} \frac{d x}{d t} + \left(\frac{b^2}{m^2} + \omega_0^2\right) x = f(t)$$

(gedämpfte Schwingung). Wir betrachten zunächst die ungedämpfte erzwungene Schwingung (143) unter der Annahme, daß die erregende Kraft $f(t)$ periodisch ist:

$$\text{(145)} \qquad f(t) = F \cos(\omega t + H),$$

worin F die Amplitude, H die Phasenkonstante und ω die *Frequenz der erregenden Kraft bedeutet,* von der wir zunächst annehmen, daß sie von der *Eigenfrequenz* ω_0 verschieden sei: $\omega \neq \omega_0$. Die dann aus (143) und (145) folgende Schwingungsgleichung

$$\text{(146)} \qquad \frac{d^2 x}{d t^2} + \omega_0^2 x = F \cos(\omega t + H)$$

besitzt nach (36) und (39) das allgemeine Integral

(147) $$x = c_1 \cos(\omega_0 t) + c_2 \sin(\omega_0 t) + \frac{\cos(\omega t + H)}{(\omega_0^2 - \omega^2)},$$

das nach (120, 121) auch auf die Form

(148) $$x = A \cos(\omega_0 t + B) + \frac{F}{(\omega_0^2 - \omega^2)} \cdot \cos(\omega t + H)$$

gebracht werden kann, worin das allgemeine Integral der zu Gl. (146) gehörenden homogenen Gleichung die freie Schwingung (*Eigenschwingung*)

(149) $$x_1 = A \cos(\omega_0 t + B),$$

und

(150) $$x_2 = F \frac{\cos(\omega t + H)}{(\omega_0^2 - \omega^2)},$$

ein partikuläres Integral der inhomogenen Gl. (146), die *erzwungene Schwingung* darstellt. Die durch (147) bzw. (148) dargestellte Schwingung ist für $A \neq 0$ im allgemeinen keine harmonische, und wenn die Frequenzen ω_0 und ω inkommensurabel sind, wiederholt sich ein Schwingungszustand überhaupt nie wieder.

Der Fall der *Resonanz* liegt vor, wenn die Frequenz ω der erregenden Kraft mit der Eigenfrequenz ω_0 übereinstimmt: $\omega = \omega_0$. Das partikuläre Integral (150) verliert dann seinen Sinn und ist durch

(151) $$x_2 = \frac{F \cdot t}{2\omega_0} \cdot \sin(\omega_0 t + H)$$

zu ersetzen, welche Lösung besagt, daß die Amplitude $\frac{F \cdot t}{2\omega_0}$ im Resonanzfall linear mit der Zeit unbeschränkt wächst. Daß (151) ein partikuläres Integral der inhomogenen Gleichung (146) für $\omega = \omega_0$ darstellt, bestätigt man sofort durch Differentiation:

$$\frac{dx_2}{dt} = \frac{F}{2\omega_0} \cdot \sin(\omega_0 t + H) + \frac{F \cdot t}{2} \cdot \cos(\omega_0 t + H)$$

$$\frac{d^2 x_2}{dt^2} = \frac{F}{2} \cos(\omega_0 t + H) + \frac{F}{2} \cos(\omega_0 t + H) - \frac{F \cdot t}{2} \omega_0 \sin(\omega_0 t + H),$$

also

$$\frac{d^2 x_2}{dt^2} = F \cdot \cos(\omega_0 t + H) - \omega_0^2 x_2,$$

in Übereinstimmung mit (146) für $\omega = \omega_0$.

Wir kehren wieder zum resonanzfreien Fall zurück und geben der Gl. (148) durch Einführung zweier neuer Konstanten a und b, definiert durch

$$a + b = A$$
$$a - b = \frac{F}{\omega_0^2 - \omega^2}$$

die folgende Form:

$$(152) \quad \begin{aligned} x &= a\{\cos(\omega_0 t + B) + \cos(\omega t + H)\} \\ &+ b\{\cos(\omega_0 t + B) - \cos(\omega t + H)\}. \end{aligned}$$

Auf Grund der trigonometrischen Formeln

$$\cos\alpha + \cos\beta = 2\cos\left(\frac{\alpha+\beta}{2}\right)\cos\left(\frac{\alpha-\beta}{2}\right),$$
$$\cos\alpha - \cos\beta = -2\sin\left(\frac{\alpha+\beta}{2}\right)\sin\left(\frac{\alpha-\beta}{2}\right),$$

schreiben wir für Gl. (152):

$$(153) \quad \begin{aligned} x &= 2a\cos\left[\left(\frac{\omega_0 - \omega}{2}\right)t + \frac{B-H}{2}\right]\cdot\cos\left[\left(\frac{\omega_0+\omega}{2}\right)t + \frac{B+H}{2}\right] \\ &- 2b\sin\left[\left(\frac{\omega_0 - \omega}{2}\right)t + \frac{B-H}{2}\right]\cdot\sin\left[\left(\frac{\omega_0+\omega}{2}\right)t + \frac{B+H}{2}\right] \end{aligned}$$

und haben damit die Schwingung als Superposition zweier *modulierter Schwingungen*

$$(154) \quad \begin{aligned} s_1 &= 2a\cdot\cos\left[\left(\frac{\omega_0 - \omega}{2}\right)t + \frac{B-H}{2}\right]\cdot\cos\left[\left(\frac{\omega_0+\omega}{2}\right)t + \frac{B+H}{2}\right] \\ s_2 &= -2b\cdot\sin\left[\left(\frac{\omega_0 - \omega}{2}\right)t + \frac{B-H}{2}\right]\cdot\sin\left[\left(\frac{\omega_0+\omega}{2}\right)t + \frac{B+H}{2}\right] \end{aligned}$$

dargestellt, bei denen sich die Amplituden von Schwingungen der mittleren Frequenz $\frac{\omega_0 + \omega}{2}$ periodisch mit der kleineren *Modulationsfrequenz* $\frac{\omega_0 - \omega}{2}$ ändern (*Schwebungen*).

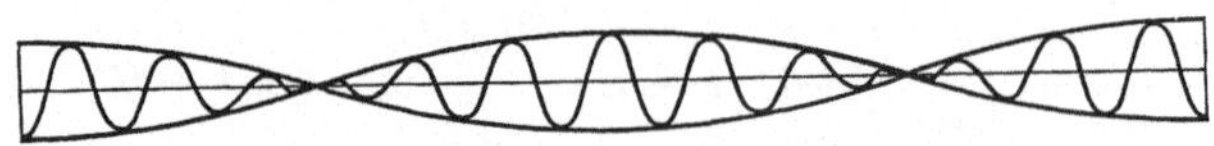

Abb. 2. Schwebungen. Welle s_1 mit $\frac{\omega_0 + \omega}{\omega_0 - \omega} = 12$, $B = H = \pi$.

Wir betrachten noch abschließend die durch eine periodisch wirkende Kraft hervorgerufenen Schwingungen eines gedämpften Systems, die nach (142) und (145) durch die Differentialgleichung

$$(155) \quad \frac{d^2 x}{d t^2} + 2\frac{b}{m}\frac{d x}{d t} + \frac{k}{m}x = F\cos(\omega t + H)$$

beschrieben werden. Das allgemeine Integral dieser Gleichung ist gleich der Summe $x = x_1 + x_2$, worin x_1 das allgemeine Integral der (155) entsprechenden homogenen Gleichung (136) und x_2 ein partikuläres Integral der inhomogenen Gleichung (155) darstellt. Für x_1 fanden wir in (137), $\frac{k}{m} > \left(\frac{b}{m}\right)^2$ vorausgesetzt:

$$x_1 = A\,e^{-\frac{b}{m}t} \sin(\omega_0 t + B)$$

mit der durch (138) gegebenen Eigenfrequenz ω_0. Für x_2 machen wir den Ansatz

(156) $$x_2 = M \cos(\omega t + N)$$

mit noch zu bestimmenden Konstanten M und N. Es ist dann

$$\frac{d^2 x_2}{d t^2} = -\omega^2 M \cos(\omega t + N),$$

$$2\frac{b}{m}\frac{d x}{d t} = -2\frac{b\,\omega\,M}{m}\sin(\omega t + N),$$

$$\frac{k}{m}x = \frac{k\,M}{m}\cos(\omega t + N),$$

so daß die Gleichung (155) durch den Ansatz (156) befriedigt wird, wenn

$$M\left(\frac{k}{m} - \omega^2\right)\cdot\cos(\omega t + N) - 2\frac{b\,\omega\,M}{m}\sin(\omega t + N)$$
$$= F\cos(\omega t + H),$$

welche Gleichung für alle Werte von t bestehen muß, also auch für $t + N = 0$ und $t + N = \pi/2$. Im ersten Fall ergibt sich

$$M\left(\frac{k}{m} - \omega^2\right) = F\cdot\cos(H - N),$$

im zweiten:

$$-2\frac{b\,\omega\,M}{m} = F\cos\left(\frac{\pi}{2} + N - N\right) = -F\cdot\sin(H - N),$$

so daß durch

$$\operatorname{tg}(H - N) = \frac{2\frac{b\,\omega}{m}}{\frac{k}{m} - \omega^2}$$

bzw

(157) $$N = H - \operatorname{arctg}\left(\frac{2\frac{b\,\omega}{m}}{\frac{k}{m} - \omega^2}\right)$$

und

(158) $$M = \frac{F}{\sqrt{\left(\frac{k}{m} - \omega^2\right)^2 + 4\frac{b^2\omega^2}{m^2}}}$$

die Konstanten M und N des partikulären Integrals (156) bestimmt sind. Die Gl. (157) zeigt, daß zwischen der Phase der erregenden Kraft und der Phase der erzwungenen Schwingung die Phasendifferenz

$$(159)\qquad \varepsilon = H - N = \operatorname{arctg}\left(\frac{2\frac{b\,\omega}{m}}{\frac{k}{m} - \omega^2}\right)$$

besteht, die positiv oder negativ sein kann, je nachdem $\frac{k}{m} \gtrless \omega^2$ ist; die Gl. (158) gibt das Amplitudenverhältnis

$$(160)\qquad \alpha = \frac{M}{F} = \frac{1}{\sqrt{\left(\frac{k}{m} - \omega^2\right)^2 + 4\frac{b^2\,\omega^2}{m^2}}}$$

zwischen erzwungener Schwingung und erregender Kraft. Die durch die periodische Kraft

$$f(t) = F \cos(\omega\, t + H)$$

erzwungene Schwingung hat also die Form

$$(161)\qquad x_2 = \alpha\, F \cos(\omega\, t + H - \varepsilon),$$

so daß durch

$$(162)\qquad x = A\, e^{-\frac{b}{m}t} \sin(\omega_0\, t + B) + \alpha\, F \cos(\omega\, t + H - \varepsilon)$$

das allgemeine Integral der Differentialgleichung (155) gegeben ist. Die freie Schwingung x_1 klingt im Verlauf der Zeit ab, es ist dann nach hinreichend langer Zeit nur noch die erzwungene Schwingung x_2 (161) vorhanden. Deren Amplitude αF erreicht einen Maximalwert für eine bestimmte Frequenz Ω der erregenden Kraft, die *Resonanzfrequenz*

$$(163)\qquad \Omega = \sqrt{\frac{k}{m} - 2\left(\frac{b}{m}\right)^2},$$

die sich aus der Bedingung

$$(164)\qquad \left(\frac{d\,\alpha}{d\,\omega}\right)_{\omega = \Omega} = 0$$

leicht errechnen läßt. Ersichtlich ist die *Resonanzfrequenz* Ω nach Gl. (163) *kleiner* als die durch Gl. (138) gegebene *Eigenfrequenz* ω_0 der freien Schwingung.

B. Partielle Differentialgleichungen.

1. Potentialgleichungen.

Nach dem NEWTONschen Gravitationsgesetz beträgt die Attraktionskraft zwischen einem Massenpunkt mit der Masse m und einer zweiten Masse M im Abstand r voneinander

(165) $$K = -f\frac{M\,m}{r^2},$$

worin $f = 6{,}66\cdot 10^{-8}\,\mathrm{g}^{-1}\,\mathrm{cm}^3\,\mathrm{sec}^{-2}$ die Gravitationskonstante bedeutet und das negative Vorzeichen andeutet, daß die Kraft den Abstand r zu verkleinern sucht. Ruht die Masse M im Ursprung eines Kartesischen Koordinatensystems (x, y, z), so ist

(166) $$r^2 = x^2 + y^2 + z^2.$$

Die Komponenten der *Feldstärke*, d. h. der auf einen Massenpunkt mit der Masse 1 wirkenden Kraft, sind durch

$$F_x = +\frac{K}{m}\cos(r, x) = -f\frac{M}{r^2}\cdot\frac{x}{r}, \quad F_y = +\frac{K}{M}\cos(r, y) = f\frac{M}{r^2}\cdot\frac{y}{r}, \quad F_z = +\frac{K}{m}\cos(r, z) = -f\frac{M}{r^2}\cdot\frac{z}{r}$$

gegeben und ableitbar aus dem *Gravitationspotential*

(167) $$V = -\frac{f\,M}{r} + \text{const.}$$

gemäß

(168) $$F_x = -\frac{\partial V}{\partial x}, \quad F_y = -\frac{\partial V}{\partial y}, \quad F_z = -\frac{\partial V}{\partial z}$$

oder kurz ($\mathfrak{F} \equiv F_x, F_y, F_z$)

(169) $$\mathfrak{F} = -\operatorname{grad} V.$$

Mit Rücksicht auf die aus (166) folgenden Gleichungen

$$\frac{\partial r}{\partial x} = \frac{x}{r}, \quad \frac{\partial r}{\partial y} = \frac{y}{r}, \quad \frac{\partial r}{\partial z} = \frac{z}{r}$$

bilden wir

$$\frac{\partial F_x}{\partial x} = +3f\frac{M}{r^5}x^2 - f\frac{M}{r^3},$$

$$\frac{\partial F_y}{\partial y} = +3f\frac{M}{r^5}y^2 - f\frac{M}{r^3},$$

$$\frac{\partial F_z}{\partial z} = +3f\frac{M}{r^5}z^2 - f\frac{M}{r^3},$$

und erhalten durch Addition

(170) $$\frac{\partial F_x}{\partial x} + \frac{\partial F_y}{\partial y} + \frac{\partial F_z}{\partial z} = 0.$$

oder in vektoranalytischer Schreibweise:

$$\text{div}\,\mathfrak{F} = 0\,, \tag{171}$$

welche Gleichung *außerhalb der gravitierenden Massen* gilt. Substitution von Gl. (168) in Gl. (170) ergibt die LAPLACEsche Gleichung[1]

$$\frac{\partial^2 V}{\partial x^2} + \frac{\partial^2 V}{\partial y^2} + \frac{\partial^2 V}{\partial z^2} = 0\,, \tag{172}$$

für welche auch die Bezeichnungsweise

$$\Delta V = 0 \tag{173}$$

üblich ist, wobei

$$\Delta = \frac{\partial^2}{\partial x^2} + \frac{\partial^2}{\partial y^2} + \frac{\partial^2}{\partial z^2} \tag{174}$$

als LAPLACEscher *Differentialoperator* bezeichnet wird. Gleichbedeutend damit ist die aus (169) und (171) folgende Schreibweise

$$\text{div grad}\, V = 0. \tag{175}$$

Rotiert das Koordinatensystem mit der Winkelgeschwindigkeit ω um die z-Achse, so hat für einen Punkt im Abstand $\sqrt{x^2 + y^2}$ von der z-Achse die Zentrifugalbeschleunigung ($\mathfrak{Z} \equiv Z_x, Z_y, Z_z$) den Wert

$$|\mathfrak{Z}| = \omega^2 \cdot \sqrt{x^2 + y^2}\,,$$

und die Komponenten:

$$Z_x = |\mathfrak{Z}| \cdot \frac{x}{\sqrt{x^2 + y^2}} = \omega^2 \cdot x\,,\quad Z_y = |\mathfrak{Z}| \frac{y}{\sqrt{x^2 + y^2}} = \omega^2 \cdot y\,,$$

$$Z_z = 0\,,$$

die gemäß

$$Z_x = -\frac{\partial W}{\partial x}\,,\quad Z_y = -\frac{\partial W}{\partial y}\,,\quad Z_z = -\frac{\partial W}{\partial z}\,, \tag{176}$$

d. h.

$$\mathfrak{Z} = -\,\text{grad}\, W\,, \tag{177}$$

aus dem (Zentrifugalbeschleunigungs-)Potential

$$W = -\frac{1}{2}\,\omega^2\,(x^2 + y^2) \tag{178}$$

ableitbar sind, erfüllen die Gleichung

$$\frac{\partial Z_x}{\partial x} + \frac{\partial Z_y}{\partial y} + \frac{\partial Z_z}{\partial z} = 2\,\omega^2\,, \tag{179}$$

oder in vektoranalytischer Schreibweise:

$$\text{div}\,\mathfrak{Z} = 2\,\omega^2. \tag{180}$$

[1] PIERRE SIMON DE LAPLACE, französischer Mathematiker und Astronom, 1749—1827.

Die Substitution von (176) bzw. (177) in (179) bzw. (180) ergibt:

(181) $$\frac{\partial^2 W}{\partial x^2}+\frac{\partial^2 W}{\partial y^2}+\frac{\partial^2 W}{\partial z^2}=\Delta W=-2\,\omega^2.$$

Für ein mit der rotierenden Erde fix verbundenes Koordinatensystem (x, y, z) bedeutet ω die Winkelgeschwindigkeit der Erdrotation, V das Gravitationspotential, $V + W = \Phi$ das Schwerepotential, aus dem die Schwerebeschleunigung $\mathfrak{g} \equiv g_x, g_y, g_z$ gemäß den Gleichungen (96, 97) abzuleiten ist. Dieses Schwerepotential genügt, wie man durch Addition von (172) und (181) findet, der Differentialgleichung

(182) $$\Delta \Phi = -2\,\omega^2$$

für jeden Punkt *außerhalb* gravitierender Massen. Es sei hierzu bemerkt, daß in der Geophysik auch vielfach die *Kraftfunktion* $\psi = -\Phi + \text{const.}$, aus der sich die Schwerebeschleunigung gemäß

(183) $$\mathfrak{g} = +\operatorname{grad}\psi,$$

d. h.

(184) $$g_x = +\frac{\partial \psi}{\partial x},\quad g_y = +\frac{\partial \psi}{\partial y},\quad g_z = +\frac{\partial \psi}{\partial z},$$

ableitet, als „Potential" bezeichnet wird; das so definierte Potential (= Kraftfunktion) genügt dann für jeden Punkt außerhalb gravitierender Massen an Stelle von (182) der Gleichung

(185) $$\Delta \psi = 2\,\omega^2.$$

Wir ziehen die Benutzung des Potentials Φ an Stelle der Kraftfunktion ψ deshalb vor, weil Φ mit der potentiellen Energie pro Masseneinheit identisch ist (vgl. S. 24).

In der Potentialtheorie wird gezeigt, daß für Punkte *innerhalb* gravitierender Massen die LAPLACEsche Gleichung (172, 173) durch

(186) $$\Delta V = 4\pi f \varrho,$$

zu ersetzen ist, worin ϱ die Dichte der Materie im betrachteten Punkt bedeutet; die Gl. (186) wird POISSONsche Gleichung[1] genannt. Die entsprechende Verallgemeinerung der Differentialgleichung (182) des Schwerepotentials für Punkte innerhalb gravitierender Massen lautet

(187) $$\Delta \Phi = 4\pi f \varrho - 2\,\omega^2$$

und heißt *verallgemeinerte* POISSON*sche Gleichung;* die entsprechende Gleichung für die Kraftfunktion ψ ist:

$$\Delta \psi = -4\pi f \varrho + 2\,\omega^2.$$

[1] SIMÉON DENIS POISSON, französischer Physiker und Mathematiker, 1781—1840.

Die verallgemeinerte POISSONsche Gleichung gestattet eine Anwendung bezüglich der Frage der Stabilität rotierender Himmelskörper. Wir benutzen dazu den GAUSSschen Integralsatz, der das Raumintegral der Divergenz eines Vektors $\mathfrak{B}$ in ein Oberflächenintegral der Normalkomponente $\mathfrak{B}_n$ des Vektors, erstreckt über die den Raum begrenzende Oberfläche, transformiert:

$$\iiint \operatorname{div} \mathfrak{B}\, d\tau = \iint \mathfrak{B}_n\, d\sigma \tag{188}$$

($d\tau$ = Raumelement, $d\sigma$ = Oberflächenelement, n = äußere Normale). Für $\mathfrak{B} = \operatorname{grad} \Phi$ nimmt der Integralsatz von GAUSS die Form an:

$$\iiint \Delta \Phi\, d\tau = \iint \frac{\partial \Phi}{\partial n} d\sigma, \tag{189}$$

worin

$$\frac{\partial \Phi}{\partial n} = \operatorname{grad}_n \Phi = \mathfrak{n} \cdot \operatorname{grad} \Phi,$$

unter $\mathfrak{n}$ den Einheitsvektor in Richtung der äußeren Normalen verstanden. Ist Φ das Schwerepotential, so ist die Schwerebeschleunigung $\mathfrak{g} = -\operatorname{grad} \Phi$ und $\mathfrak{n} \cdot \operatorname{grad} \Phi = -\mathfrak{n} \cdot \mathfrak{g} = -g \cos(\mathfrak{n}, \mathfrak{g}) > 0$, *solange* $\mathfrak{g}$ *zum Innern des Himmelskörpers gerichtet ist*, da dann $\cos(\mathfrak{n}, \mathfrak{g}) = \cos(180°) = -1$, wobei angenommen ist, daß die Oberfläche eine Niveaufläche des Schwerepotentials darstellt, auf welcher ja $\operatorname{grad} \Phi$ senkrecht steht. Es muß somit, wenn diese Bedingung überall auf der Oberfläche erfüllt ist, nach Gl. (189) auch

$$\iiint \Delta \Phi\, d\tau > 0$$

sein. Substituieren wir Gl. (187) in diese Bedingung, bezeichnen mit $M = \iiint \varrho\, d\tau$ und $\tau = \iiint d\tau$ Masse und Volumen des Himmelskörpers, so folgt

$$4\pi f M - 2\omega^2 \tau > 0,$$

oder

$$\omega^2 < 2\pi f \varrho_m, \tag{190}$$

wenn $\varrho_m = M/\tau$ die mittlere Dichte des Himmelskörpers bedeutet. Formel (190) besagt, daß die Stabilität eines rotierenden Himmelskörpers gewährleistet ist für Rotationsgeschwindigkeiten $\omega < \sqrt{2\pi f \varrho_m}$ und heißt *Stabilitätstheorem von* POINCARÉ[1]. Für die Erde mit der mittleren Dichte $\varrho_m = 5{,}52$ gr cm^{-3} ist $\sqrt{2\pi f \varrho_m} = 15{,}2 \cdot 10^{-4}$ sec^{-1}, $\omega = 7{,}29 \cdot 10^{-5}$ sec^{-1}.

---

[1] HENRI POINCARÉ, französischer Mathematiker und Physiker, 1854 bis 1912.

2. Hydrodynamische Gleichungen.

Wir betrachten hier nur *ideale Flüssigkeiten*, bei denen (im Gegensatz zu den *zähen* Flüssigkeiten) das *Gesetz des isotropen Drucks* gilt, wonach der im Innern oder an der Begrenzung der strömenden Flüssigkeit auf ein Flächenelement wirkende Druck von der Richtungsorientierung des Flächenelements unabhängig ist. Es werden im folgenden die nachstehenden Bezeichnungen verwendet: x, y, z = mit der rotierenden Erde fix verbundenes Kartesisches Koordinatensystem, t = Zeit, $p = p\,(x, y, z, t)$ = Druck, $\varrho = \varrho\,(x, y, z, t)$ = Dichte, $\mathfrak{v} = \mathfrak{v}\,(x, y, z, t)$ = Geschwindigkeitsvektor mit den Komponenten v_x, v_y, v_z.

Die auf die Masseneinheit und auf ein rotierendes System bezogenen Bewegungsgleichungen der Punktdynamik (95) bzw. (98) sind für Flüssigkeitsbewegungen durch die *Druckkraft* pro Masseneinheit zu ergänzen, die durch

$$-\frac{1}{\varrho}\,\mathrm{grad}\,p \tag{191}$$

oder in Komponenten:

$$-\frac{1}{\varrho}\frac{\partial p}{\partial x},\quad -\frac{1}{\varrho}\frac{\partial p}{\partial y},\quad -\frac{1}{\varrho}\frac{\partial p}{\partial z}, \tag{192}$$

gegeben ist. In Richtung der inneren Normale eines zur Zeit t zwischen den Koordinaten x und $x + dx$, y und $y + dy$, z und $z + dz$ liegenden Volumenelements $d\,x\,d\,y\,d\,z$ mit der Masse $\varrho\,d\,x\,d\,y\,d\,z$ wirkt nämlich an der Stelle x, y, z des Strömungsfeldes die Druckkraft $p\,dy\,dz$ auf die zur x-Achse senkrechte Begrenzungsfläche $dy\,dz$, hingegen wirkt an der Stelle $x + dx, y, z$ auf die im Abstand dx befindliche Begrenzungsfläche $dy\,dz$ die Druckkraft

$$-p\,(x + dx, y, z)\,dy\,dz = -\left\{p + \frac{\partial p}{\partial x}dx\right\}dy\,dz,$$

wobei das Minuszeichen dadurch bedingt ist, daß für die Fläche $dy\,dz$ an der Stelle $x + dx, y, z$ die innere Normale die Richtung der negativen x-Achse hat. Die resultierende Druckkraft in Richtung der positiven x-Achse ist daher

$$p\,dy\,dz - \left\{p + \frac{\partial p}{\partial x}dx\right\}dy\,dz = -\frac{\partial p}{\partial x}dx\,dy\,dz,$$

bezogen auf die Masse $\varrho\,dx\,dy\,dz$, pro Masseneinheit also $-\frac{1}{\varrho}\frac{\partial p}{\partial x}$. In ähnlicher Weise findet man die y- und z-Komponente, und die Ergänzung der Bewegungsgleichungen (98) bzw. (99) durch die Druckkraft (191) bzw. (192) ergibt die *auf rotierende Koordinaten bezogenen hy-*

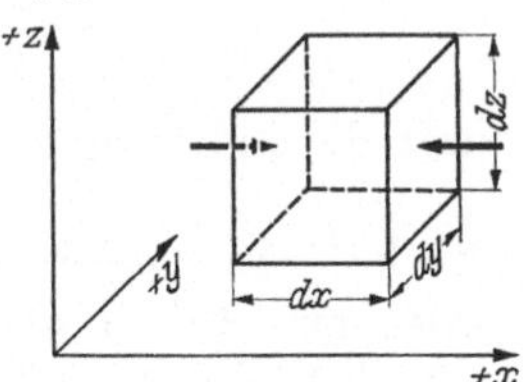

Abb. 3. Zur Ableitung der Druckkräfte bei Flüssigkeitsbewegungen.

drodynamischen Bewegungsgleichungen

$$\frac{d\mathfrak{v}}{dt} = -\operatorname{grad}\Phi - \frac{1}{\varrho}\operatorname{grad} p + 2\,[\mathfrak{v}, \mathfrak{w}], \tag{193}$$

bzw.

$$\begin{cases} \dfrac{d v_x}{d t} = -\dfrac{\partial \Phi}{\partial x} - \dfrac{1}{\varrho}\dfrac{\partial p}{\partial x} + 2\,(\omega_z v_y - \omega_y v_z), \\ \dfrac{d v_y}{d t} = -\dfrac{\partial \Phi}{\partial y} - \dfrac{1}{\varrho}\dfrac{\partial p}{\partial y} + 2\,(\omega_x v_z - \omega_z v_x), \\ \dfrac{d v_z}{d t} = -\dfrac{\partial \Phi}{\partial z} - \dfrac{1}{\varrho}\dfrac{\partial p}{\partial z} + 2\,(\omega_y v_x - \omega_x v_y). \end{cases} \tag{194}$$

Die hierin auf den linken Seiten stehenden totalen Ableitungen $\frac{d\mathfrak{v}}{dt} \equiv \frac{d v_x}{d t}, \frac{d v_y}{d t}, \frac{d v_z}{d t}$ werden *individuelle* oder *substantielle* Differentialquotienten genannt, da sie Änderungen einer Eigenschaft (hier z. B. $\mathfrak{v}$) *desselben Teilchens* (nicht desselben Raumpunktes) bestimmen; ihre Umwandlung in partielle Differentialquotienten ist durch folgende Überlegung möglich; Es sei $\psi = \psi\,(x, y, z, t)$ eine hydrodynamische Feldgröße, z. B. $\mathfrak{v}$, ϱ usw.; für ein sich zur Zeit t am Orte x, y, z befindendes Teilchen ist dort $\psi = \psi\,(x, y, z, t)$ eine „Eigenschaft" des Teilchens. Betrachten wir nun die Feldgröße ψ zur Zeit $t + d\,t$ an einem benachbarten Ort $x + d\,x$, $y + d\,y$, $z + d\,z$, so ist dort $\psi\,(x + d\,x, y + d\,y, z + d\,z, t + d\,t)$, aber dieser Wert ist nur dann eine Eigenschaft *desselben* Teilchens, wenn dasselbe in der Zeit $d\,t$ vom Ort x, y, z an den Ort $x + d\,x$, $y + d\,y$, $z + d\,z$ gekommen ist, wenn also $dx = v_x\,d\,t$, $d\,y = v_y\,d\,t$, $dz = v_z\,d\,t$. Nun ist *allgemein*

$$d\,\psi = \frac{\partial\psi}{\partial t}d\,t + \frac{\partial\psi}{\partial x}d\,x + \frac{\partial\psi}{\partial y}d\,y + \frac{\partial\psi}{\partial z}d\,z,$$

für dasselbe Teilchen gilt also

$$\frac{d\,\psi}{d\,t} = \frac{\partial\psi}{\partial t} + v_x\frac{\partial\psi}{\partial x} + v_y\frac{\partial\psi}{\partial y} + v_z\frac{\partial\psi}{\partial z}, \tag{195}$$

oder kürzer

$$\frac{d\,\psi}{d\,t} = \frac{\partial\psi}{\partial t} + (\mathfrak{v}\operatorname{grad})\,\psi, \tag{196}$$

womit die individuelle oder substantielle Änderung $\frac{d\psi}{dt}$ in einen *lokalen Anteil* $\frac{\partial\psi}{\partial t}$ und einen *konvektiven Anteil* $(\mathfrak{v}\operatorname{grad})\,\psi$ zerlegt worden ist. Es ist also nach Gl. (196)

$$\frac{d\,\mathfrak{v}}{d\,t} = \frac{\partial\mathfrak{v}}{\partial t} + (\mathfrak{v}\operatorname{grad})\,\mathfrak{v},$$

womit Gl. (193) in

$$\text{(197)}\quad \frac{\partial \mathfrak{v}}{\partial t} + (\mathfrak{v}\,\mathrm{grad})\,\mathfrak{v} = -\,\mathrm{grad}\,\Phi - \frac{1}{\varrho}\,\mathrm{grad}\,p + 2\,[\mathfrak{v}, \mathfrak{w}]$$

mit der Komponentendarstellung

$$\text{(198)}\quad \begin{cases} \dfrac{\partial v_x}{\partial t} + v_x \dfrac{\partial v_x}{\partial x} + v_y \dfrac{\partial v_x}{\partial y} + v_z \dfrac{\partial v_x}{\partial z} = -\dfrac{\partial \Phi}{\partial x} - \dfrac{1}{\varrho}\dfrac{\partial p}{\partial x} \\ \qquad\qquad + 2\,(\omega_z v_y - \omega_y v_z)\,, \\ \dfrac{\partial v_y}{\partial t} + v_x \dfrac{\partial v_y}{\partial x} + v_y \dfrac{\partial v_y}{\partial y} + v_z \dfrac{\partial v_y}{\partial z} = -\dfrac{\partial \Phi}{\partial y} - \dfrac{1}{\varrho}\dfrac{\partial p}{\partial y} \\ \qquad\qquad + 2\,(\omega_x v_z - \omega_z v_x)\,, \\ \dfrac{\partial v_z}{\partial t} + v_x \dfrac{\partial v_z}{\partial x} + v_y \dfrac{\partial v_z}{\partial y} + v_z \dfrac{\partial v_z}{\partial z} = -\dfrac{\partial \Phi}{\partial z} - \dfrac{1}{\varrho}\dfrac{\partial p}{\partial z} \\ \qquad\qquad + 2\,(\omega_y v_x - \omega_x v_y)\,, \end{cases}$$

übergeht. Dieses sind die *hydrodynamischen Bewegungsgleichungen* in der sog. EULERschen Form[1], die zur Bestimmung der fünf unbekannten Funktionen $\mathfrak{v}$ ($\equiv v_x, v_y, v_z$), p und ϱ noch zwei weitere Gleichungen erfordern, nämlich die hydrodynamische Kontinuitätsgleichung, welche die mathematische Fassung des Gesetzes der Erhaltung der Materie im Strömungsfeld darstellt, und eine thermodynamische Gleichung zwischen p und ϱ.

Zwecks Ableitung der *Kontinuitätsgleichung* betrachten wir ein beliebiges, aber *raumfestes* Volumen τ, das die Masse $\iiint \varrho\, d\tau$ enthält. Durch ein Oberflächenelement $d\sigma$ von τ fließt in der Zeiteinheit die Masse $(\varrho\,\mathfrak{v})\cdot\mathfrak{n}\cdot d\sigma = \varrho\, v_n\, d\sigma$ *aus*, wenn $\mathfrak{n}$ den Einheitsvektor in Richtung der *äußeren* Normalen bedeutet. Der gesamte Ausfluß durch die Oberfläche ist also in der Zeiteinheit $\iint \varrho\, v_n\, d\sigma$ und bedingt eine Massenabnahme $-\frac{\partial}{\partial t}\iiint \varrho\, d\tau = -\iiint \frac{\partial \varrho}{\partial t} d\tau$ im raumfesten Volumen τ, so daß als Ausdruck der Erhaltung der Materie die Gleichung

$$-\iiint \frac{\partial \varrho}{\partial t}\, d\tau = \iint \varrho\, v_n\, d\sigma$$

bestehen muß, die durch Anwendung des Integralsatzes von GAUSS (vgl. S. 40) auch

$$-\iiint \frac{\partial \varrho}{\partial t}\, d\tau = \iiint \mathrm{div}\,(\varrho\,\mathfrak{v})\, d\tau$$

oder

$$\iiint \left\{\frac{\partial \varrho}{\partial t} + \mathrm{div}\,(\varrho\,\mathfrak{v})\right\} d\tau = 0$$

---

[1] LEONHARD EULER, deutscher Mathematiker und Physiker, 1707—1783.

geschrieben werden kann. Da diese Gleichung für ein *beliebiges* Volumen gilt, muß der Integrand selbst verschwinden:

$$\frac{\partial \varrho}{\partial t} + \operatorname{div} (\varrho\, \mathfrak{v}) = 0, \tag{199}$$

welche Beziehung die Kontinuitätsgleichung in vektoranalytischer Form darstellt und in ausführlicher Schreibweise also

$$\frac{\partial \varrho}{\partial t} + \frac{\partial \varrho v_x}{\partial x} + \frac{\partial \varrho v_y}{\partial y} + \frac{\partial \varrho v_z}{\partial z} = 0 \tag{200}$$

lautet.

Mittels der Formel

$$\operatorname{div} (\varrho\, \mathfrak{v}) = (\mathfrak{v} \operatorname{grad}) \varrho + \varrho \operatorname{div} \mathfrak{v}, \tag{201}$$

oder in ausführlicher Schreibweise:

$$\begin{aligned} \frac{\partial \varrho v_x}{\partial x} + \frac{\partial \varrho v_y}{\partial y} + \frac{\partial \varrho v_z}{\partial z} = v_x \frac{\partial \varrho}{\partial x} + v_y \frac{\partial \varrho}{\partial y} + v_z \frac{\partial \varrho}{\partial z} \\ + \varrho \left(\frac{\partial v_x}{\partial x} + \frac{\partial v_y}{\partial y} + \frac{\partial v_z}{\partial z} \right), \end{aligned} \tag{202}$$

erlaubt die Kontinuitätsgleichung (199) bzw. (200) auch folgende Darstellung:

$$\frac{d \varrho}{d t} + \varrho \operatorname{div} \mathfrak{v} = 0, \tag{203}$$

bzw.

$$\frac{d \varrho}{d t} + \varrho \left(\frac{\partial v_x}{\partial x} + \frac{\partial v_y}{\partial y} + \frac{\partial v_z}{\partial z} \right) = 0, \tag{204}$$

worin $\frac{d \varrho}{d t}$ die substantielle oder *individuelle Dichteänderung* bedeutet. Verschwindet dieselbe: $\frac{d \varrho}{d t} = 0$, so ändert sich die Dichte eines Teilchens bei der Bewegung nicht; derartige Flüssigkeiten heißen *inkompressibel*, im Gegensatz zu den *kompressiblen* Flüssigkeiten (z. B. Gase), bei denen $\frac{d \varrho}{d t} \neq 0$. Für inkompressible Flüssigkeiten nimmt somit die Kontinuitätsgleichung (203) bzw. (204) die einfache Form an:

$$\operatorname{div} \mathfrak{v} = 0, \text{ bzw. } \frac{\partial v_x}{\partial x} + \frac{\partial v_y}{\partial y} + \frac{\partial v_z}{\partial z} = 0, \tag{205}$$

und es liegen dann für inkompressible Flüssigkeiten in dem System (198) zusammen mit Gl. (205) vier Gleichungen zur Bestimmung der vier Größen v_x, x_y, v_z und p vor; für kompressible Flüssigkeiten liefert der *1. Hauptsatz der Thermodynamik* eine weitere Gleichung zur Bestimmung von ϱ.

Bezeichnet dQ eine infinitesimale, der Masseneinheit eines idealen Gases zugeführte Wärmemenge, $U = c_v T + \text{const.}$ die innere Energie des idealen Gases (T = absolute Temperatur, c_v = spezifische Wärme bei konstantem Volumen), dW die vom Gasquantum infolge Volumenänderung geleistete Arbeit, so lautet der *1. Hauptsatz der Thermodynamik:*

$$dQ = c_v\, dT + dW, \tag{206}$$

in welcher Gleichung dQ und dW im allgemeinen keine totalen Differentiale sind. Für ideale Gase und reversible Zustandsänderungen ist die Gasarbeit durch

$$dW = p\, dV = p\, d\left(\frac{1}{\varrho}\right) \tag{207}$$

gegeben, unter $V = 1/\varrho$ das spezifische Volumen (= Volumen der Masseneinheit) verstanden; dann nimmt Gl. (206) die Form

$$dQ = c_v\, dT + p\, d\left(\frac{1}{\varrho}\right) \tag{208}$$

an, wozu wir noch bemerken, daß alle darin auftretenden Energieformen mit derselben Maßeinheit (erg oder cal) zu messen sind, wodurch sich die Anbringung eines Umrechnungsfaktors zwischen mechanischer und kalorischer Energie (mechanisches Wärmeäquivalent) erübrigt. Wird aus Gl. (208) die Temperatur mittels der *Zustandsgleichung idealer Gase*

$$p = R\, T\, \varrho \tag{209}$$

(R = Gaskonstante) eliminiert, so folgt unter Benutzung der spezifischen Wärme bei konstantem Druck

$$c_p = c_v + R,$$

sowie des Verhältnisses $c_p/c_v = \varkappa$, das für Luft (bzw. zweiatomige Gase) z. B. den Wert $\varkappa = 1{,}40$ hat,

$$dQ = \frac{1}{(\varkappa - 1)}\, \frac{p}{\varrho} \left(\frac{dp}{p} - \varkappa \frac{d\varrho}{\varrho}\right). \tag{210}$$

Der wichtige Spezialfall $dQ = 0$ (*adiabatische* Zustandsänderungen) liefert hieraus die Poissonsche Gleichung

$$\frac{p}{p_0} = \left(\frac{\varrho}{\varrho_0}\right)^{\varkappa}, \tag{211}$$

worin p_0 und ϱ_0 sich auf den Anfangszustand beziehen. In (198), (200) und (211) liegt dann ein System von fünf Gleichungen zur Bestimmung der fünf Größen v_x, v_y, v_z, p und ϱ für den Spezialfall adiabatischer Zustandsänderungen vor.

Bei der Lösung hydrodynamischer Aufgaben sind für ideale Flüssigkeiten folgende *Grenzbedingungen* zu beachten: Grenzen zwei verschiedene Flüssigkeiten (durch Indizes 1 und 2 gekennzeichnet) mit der beiderseits dauernd durch dieselben Flüssigkeitspartikel gebildeten inneren Grenzfläche $F(x, y, z, t) = 0$ aneinander, so muß an der Fläche eine *dynamische Grenzflächenbedingung*

$$p_1 = p_2 \tag{212}$$

(*Stetigkeit des skalaren Drucks*) und eine *kinematische Grenzflächenbedingung*

$$(v_n)_1 = (v_n)_2 \tag{213}$$

(*Stetigkeit der Normalkomponente der Geschwindigkeit*) erfüllt werden. Für eine *freie Oberfläche* (über der sich keine weitere Flüssigkeit befindet), ist

$$p = 0 \tag{214}$$

zu setzen; an einer *festen, ruhenden Begrenzung* muß

$$v_n = 0 \tag{215}$$

sein, da dort die Flüssigkeitsbewegung nur tangential zur Begrenzung erfolgen kann.

Die hydrodynamischen Gleichungen (194) bzw. (198) erlauben für geophysikalische Anwendungen eine Vereinfachung, die dadurch bedingt ist, daß die in der Hydro- und Atmosphäre auftretenden Vertikalbeschleunigungen gering sind und in erster Annäherung vernachlässigt werden dürfen, die Vertikalkomponente der Coriolis-Beschleunigung mit einbegriffen; auch der durch die Vertikalgeschwindigkeit bedingte Anteil der Coriolis-Beschleunigung ($-2\,\omega \cos\varphi \cdot v_z$, vgl. S. 24) ist zu vernachlässigen. Mit der auf S. 24 getroffenen Koordinatenwahl vereinfachen sich somit die hydrodynamischen Gleichungen (194) folgendermaßen, wobei noch zu berücksichtigen ist, daß bei unserer Koordinatenwahl die Komponenten der Schwerebeschleunigung durch

$$-\frac{\partial \Phi}{\partial x} = 0, \quad -\frac{\partial \Phi}{\partial y} = 0, \quad -\frac{\partial \Phi}{\partial z} = -g$$

gegeben sind:

$$\begin{cases} \dfrac{d v_x}{d t} = -\dfrac{1}{\varrho}\dfrac{\partial p}{\partial x} + 2\,\omega \sin\varphi\, v_y, \\ \dfrac{d v_y}{d t} = -\dfrac{1}{\varrho}\dfrac{\partial p}{\partial y} - 2\,\omega \sin\varphi\, v_x, \end{cases} \tag{216}$$

und

$$0 = -g - \frac{1}{\varrho}\frac{\partial p}{\partial z}. \tag{217}$$

Die Gl. (217) heißt *statische Grundgleichung* und findet in der Meteorologie und Ozeanographie eine weitgehende Anwendung. Bei geringen Geschwindigkeiten *und* geringen räumlichen Änderungen derselben ist es zulässig, den nichtlinearen konvektiven Anteil $(\mathfrak{v}\,\mathrm{grad})\,\mathfrak{v}$ gegenüber $\frac{\partial \mathfrak{v}}{\partial t}$ in $\frac{d\mathfrak{v}}{dt} = \frac{\partial \mathfrak{v}}{\partial t} + (\mathfrak{v}\,\mathrm{grad})\,\mathfrak{v}$ zu vernachlässigen, wodurch eine wesentliche Vereinfachung der Gleichungen (216) eintritt:

$$(218)\qquad \begin{cases} \dfrac{\partial v_x}{\partial t} = -\dfrac{1}{\varrho}\dfrac{\partial p}{\partial x} + 2\,\omega \sin\varphi\, v_y, \\[2ex] \dfrac{\partial v_y}{\partial t} = -\dfrac{1}{\varrho}\dfrac{\partial p}{\partial y} - 2\,\omega \sin\varphi\, v_x, \end{cases}$$

welche Gleichungen für inkompressible Flüssigkeiten in bezug auf die zu bestimmenden Größen *linear* sind. Von den räumlichen Änderungen der Geschwindigkeitskomponenten:

$$\begin{Bmatrix} \dfrac{\partial v_x}{\partial x} & \dfrac{\partial v_x}{\partial y} & \dfrac{\partial v_x}{\partial z} \\[2ex] \dfrac{\partial v_y}{\partial x} & \dfrac{\partial v_y}{\partial y} & \dfrac{\partial v_y}{\partial z} \\[2ex] \dfrac{\partial v_z}{\partial x} & \dfrac{\partial v_z}{\partial y} & \dfrac{\partial v_z}{\partial z} \end{Bmatrix}$$

überwiegen größenordnungsmäßig die Terme $\frac{\partial v_x}{\partial z}$ und $\frac{\partial v_y}{\partial z}$ (also die vertikalen Änderungen der Horizontalkomponenten) bei den in der Atmosphäre und im Ozean vorkommenden Bewegungen und bedingen zusammen mit der die *Turbulenz* charakterisierenden unregelmäßigen Durchmischung von Flüssigkeitsquanten mit verschiedenen Geschwindigkeiten das Auftreten einer horizontalen *Schubspannung* mit den Komponenten

$$(219)\qquad T_x = \mu \frac{\partial v_x}{\partial z}, \quad T_y = \mu \frac{\partial v_y}{\partial z}.$$

Hierin bedeutet $\mu = \mu\,(x, y, z, t)$ eine von der Stabilität des Massen- und Strömungsfeldes abhängige Funktion, die als *Austauschkoeffizient* (für den Impuls) oder als *Turbulenzreibungs-Koeffizient* bezeichnet wird (Dimension: $\mathrm{gr}^{+1}\,\mathrm{cm}^{-1}\,\mathrm{sec}^{-1}$). Ändert sich die Schubspannung mit der Höhe z, so wirken auf zwei horizontale, den Abstand dz aufweisende Begrenzungsflächen $dx\,dy$ eines Massenelements $\varrho\,dx\,dy\,dz$ nicht die gleichen Schubspannungen, so daß deren Differenzen

$$\left(T_x + \frac{\partial T_x}{\partial z} dz\right) dx\,dy - T_x\,dx\,dy$$

bzw.

$$\left(T_y + \frac{\partial T_y}{\partial z} dz\right) dx\,dy - T_y\,dx\,dy$$

pro *Volumeneinheit* eine resultierende Kraft mit den Komponenten

$$\frac{\partial T_x}{\partial z} \quad \text{bzw.} \quad \frac{\partial T_y}{\partial z}$$

und pro *Masseneinheit:*

(220) $$R_x = \frac{1}{\varrho}\frac{\partial T_x}{\partial z}, \quad R_y = \frac{1}{\varrho}\frac{\partial T_y}{\partial z},$$

zur Folge haben, die als *Turbulenzreibung* bezeichnet wird und die nach Gl. (219) durch die vertikalen Ableitungen der horizontalen Geschwindigkeitskomponenten folgendermaßen ausgedrückt werden kann:

(221) $$R_x = \frac{1}{\varrho}\frac{\partial}{\partial z}\left(\mu\,\frac{\partial v_x}{\partial z}\right), \quad R_y = \frac{1}{\varrho}\frac{\partial}{\partial z}\left(\mu\,\frac{\partial v_y}{\partial z}\right).$$

In manchen Fällen ist es zulässig, μ als Konstante zu betrachten, wodurch sich die Ausdrücke (221) vereinfachen:

(222) $$R_x = \frac{\mu}{\varrho}\frac{\partial^2 v_x}{\partial z^2}, \quad R_y = \frac{\mu}{\varrho}\frac{\partial^2 v_y}{\partial z^2}.$$

Das Verhältnis $\frac{\mu}{\varrho} = \nu$ ($\mathrm{cm}^2\,\mathrm{sec}^{-1}$) wird *kinematische Zähigkeit* genannt. Es lauten dann die durch die Turbulenzreibung in der Form (222) ergänzten Bewegungsgleichungen (218):

(223) $$\begin{cases} \dfrac{\partial v_x}{\partial t} - 2\,\omega \sin\varphi\, v_y = -\dfrac{1}{\varrho}\dfrac{\partial p}{\partial x} + \nu\,\dfrac{\partial^2 v_x}{\partial z^2}, \\[2ex] \dfrac{\partial v_y}{\partial t} + 2\,\omega \sin\varphi\, v_x = -\dfrac{1}{\varrho}\dfrac{\partial p}{\partial y} + \nu\,\dfrac{\partial^2 v_y}{\partial z^2}, \end{cases}$$

welche Gleichungen vielfache Anwendungen in der Ozeanographie und dynamischen Meteorologie finden. Im Ozean ist μ von der Größenordnung 1-10 $\mathrm{gr\,cm}^{-1}\,\mathrm{sec}^{-1}$, in der Atmosphäre 1-100 gr $\mathrm{cm}^{-1}\,\mathrm{sec}^{-1}$.

Abschließend erläutern wir noch einige Begriffe der Hydrodynamik: Ein *stationäres* Strömungsfeld liegt vor, wenn die lokale zeitliche Änderung $\frac{\partial}{\partial t}$ aller Feldgrößen verschwindet. Nur in einem stationären Strömungsfeld fallen die *Stromlinien*, das sind Linien, die an jeder Stelle des Strömungsfeldes in Richtung des dort vorhandenen Geschwindigkeitsvektors verlaufen, mit den *Trajektorien* (Teilchenbahnen) zusammen. Die Strömung in einem Gebiet, wo an allen Punkten $\mathrm{rot}\,\mathfrak{v} \neq 0$ ist, heißt *Wirbelströmung;* $\mathrm{rot}\,\mathfrak{v}$ ist ein Vektor mit den Komponenten

(224) $$\begin{cases} \mathrm{rot}_x\,\mathfrak{v} = \dfrac{\partial v_z}{\partial y} - \dfrac{\partial v_y}{\partial z}, \\[2ex] \mathrm{rot}_y\,\mathfrak{v} = \dfrac{\partial v_x}{\partial z} - \dfrac{\partial v_z}{\partial x}, \\[2ex] \mathrm{rot}_z\,\mathfrak{v} = \dfrac{\partial v_y}{\partial x} - \dfrac{\partial v_x}{\partial y}. \end{cases}$$

Hingegen liegt eine *Potentialströmung* für ein Gebiet vor, in welchem an allen Punkten rot $\mathfrak{v} = 0$ gilt; in diesem Fall kann der Geschwindigkeitsvektor als Gradient einer skalaren Funktion, des *Geschwindigkeitspotentials* (H. v. HELMHOLTZ[1]) dargestellt werden:

$$\mathfrak{v} = -\operatorname{grad} \psi, \tag{225}$$

und es gilt der Satz, daß für Bewegungen *inkompressibler* Flüssigkeiten, *die aus dem Zustand der Ruhe heraus beginnen*, stets ein Geschwindigkeitspotential existiert; für kompressible Flüssigkeiten gilt dieser Satz nur dann, wenn für alle Teilchen *die Dichte ϱ allein eine Funktion des Druckes ist: $\varrho = f(p)$, die für alle Teilchen die gleiche sein muß*. Derartige Flüssigkeiten heißen *barotrop* (V. BJERKNES[2]) zum Unterschied von den *baroklinen* Flüssigkeiten, bei denen die Funktion f noch Parameter enthält, die von Teilchen zu Teilchen verschieden sind (z. B. die Temperatur).

3. Elektrodynamische Gleichungen.

Ein *isotropes Dielektrikum* ist in elektromagnetischer Hinsicht charakterisiert durch die Materialkonstanten ε = Dielektrizitätskonstante und μ = magnetische Permeabilität, sowie durch die Vektoren $\mathfrak{D}$ = dielektrische Verschiebung und $\mathfrak{B}$ = magnetische Induktion, die mit der elektrischen Feldstärke $\mathfrak{E}$ bzw. der magnetischen Feldstärke $\mathfrak{H}$ durch die Gleichungen

$$\mathfrak{D} = \varepsilon\,\mathfrak{E}, \tag{226}$$

$$\mathfrak{B} = \mu\,\mathfrak{H}, \tag{227}$$

verknüpft sind und den Bedingungen

$$\operatorname{div} \mathfrak{D} = \operatorname{div} (\varepsilon\,\mathfrak{E}) = 0, \tag{228}$$

$$\operatorname{div} \mathfrak{B} = \operatorname{div} (\mu\,\mathfrak{H}) = 0, \tag{229}$$

genügen, die das Fehlen von wahren elektrischen Ladungen und wahrem Magnetismus im isotropen Dielektrikum ausdrücken. Im Vakuum sind ε und μ gleich 1. Während für alle bekannten Substanzen $\varepsilon > 1$ ist, kann μ auch < 1 sein (*diamagnetische Körper*).

Nach der Theorie von MAXWELL[3] ist die zeitliche Änderung der dielektrischen Verschiebung einem elektrischen Strom äquivalent (*Verschiebungsstrom*) und mit dessen Magnetfeld durch die Gleichung

$$c \operatorname{rot} \mathfrak{H} = \varepsilon \frac{\partial \mathfrak{E}}{\partial t} \tag{230}$$

---

[1] HERMANN VON HELMHOLTZ, deutscher Physiker und Physiologe, 1821 bis 1894.

[2] VILHELM BJERKNES, norwegischer Physiker und Meteorologe, geb. 1862.

[3] JAMES CLERK MAXWELL, englischer Physiker, 1831—1879.

verknüpft (c = Lichtgeschwindigkeit), deren Komponentendarstellung

$$(231)\qquad \left\{\begin{aligned} c\left(\frac{\partial H_z}{\partial y}-\frac{\partial H_y}{\partial z}\right)&=\varepsilon\frac{\partial E_x}{\partial t},\\ c\left(\frac{\partial H_x}{\partial z}-\frac{\partial H_z}{\partial x}\right)&=\varepsilon\frac{\partial E_y}{\partial t},\\ c\left(\frac{\partial H_y}{\partial x}-\frac{\partial H_x}{\partial y}\right)&=\varepsilon\frac{\partial E_z}{\partial t},\end{aligned}\right\}$$

1. Tripel der MAXWELL*schen Gleichungen heißt.*

Das FARADAYsche Induktionsgesetz[1] findet nach FR. NEUMANN[2] seinen mathematischen Ausdruck in der Gleichung (232)

$$(232)\qquad c\,\mathrm{rot}\,\mathfrak{E}=-\mu\frac{\partial\mathfrak{H}}{\partial t},$$

deren Komponentendarstellung

$$(233)\qquad \left\{\begin{aligned} c\left(\frac{\partial E_z}{\partial y}-\frac{\partial E_y}{\partial z}\right)&=-\mu\frac{\partial H_x}{\partial t},\\ c\left(\frac{\partial E_x}{\partial z}-\frac{\partial E_z}{\partial x}\right)&=-\mu\frac{\partial H_y}{\partial t},\\ c\left(\frac{\partial E_y}{\partial x}-\frac{\partial E_x}{\partial y}\right)&=-\mu\frac{\partial H_z}{\partial t},\end{aligned}\right\}$$

auch *2. Tripel der* MAXWELLschen *Gleichungen* genannt wird. Die Gleichungen (230) bzw. (231), (232) bzw. (233) sowie die Gleichungen (228) und (229), die für konstante Werte von ε und μ die Formen

$$(234)\qquad \mathrm{div}\,\mathfrak{E}=0,\ \text{d. h.}\ \frac{\partial E_x}{\partial x}+\frac{\partial E_y}{\partial y}+\frac{\partial E_z}{\partial z}=0,$$

und

$$(235)\qquad \mathrm{div}\,\mathfrak{H}=0,\ \text{d. h.}\ \frac{\partial H_x}{\partial x}+\frac{\partial H_y}{\partial y}+\frac{\partial H_z}{\partial z}=0$$

annehmen, bilden das vollständige System der MAXWELLschen Gleichungen für ein isotropes Dielektrikum (homogener Isolator).

Für *leitende Substanzen* mit der spezifischen Leitfähigkeit λ und der wahren elektrischen Ladungsdichte ϱ sind die Gleichungen (228) und (230) wie folgt zu erweitern:

$$(236)\qquad \mathrm{div}\,(\varepsilon\,\mathfrak{E})=4\pi\varrho,$$

$$(237)\qquad c\,\mathrm{rot}\,\mathfrak{H}=\varepsilon\frac{\partial\mathfrak{E}}{\partial t}+4\pi\lambda\,\mathfrak{E},$$

---

[1] MICHAEL FARADAY, englischer Physiker und Chemiker, 1791—1867.

[2] FRANZ ERNST NEUMANN, deutscher Physiker und Mineraloge, 1798 bis 1895.

während die Gleichungen (229) und (232) unverändert bestehen bleiben. Der Term $\lambda\,\mathfrak{E} = \mathfrak{J}$ in Gl. (237) stellt die *Leitungsstromdichte* (= Leitungsstrom pro Flächeneinheit senkrecht zum Strom) dar. Besteht der Strom nach Auffassung der *Elektronentheorie* in einem *Konvektionsstrom* elektrisch geladener und mit der Geschwindigkeit $\mathfrak{v}$ *im Vakuum* ($\varepsilon = \mu = 1$) bewegter Korpuskeln, so ist $\mathfrak{J} = \varrho\,\mathfrak{v}$, und das System der elektromagnetischen Gleichungen nimmt nach der Elektronentheorie die Form an:

(238) $$c \operatorname{rot} \mathfrak{H} = \frac{\partial \mathfrak{E}}{\partial t} + 4\pi\varrho\,\mathfrak{v}\,,$$

(239) $$c \operatorname{rot} \mathfrak{E} = -\frac{\partial \mathfrak{H}}{\partial t}\,,$$

(240) $$\operatorname{div} \mathfrak{E} = 4\pi\varrho\,,$$

(241) $$\operatorname{div} \mathfrak{H} = 0\,.$$

Aus Gl. (238) folgt durch Divergenzbildung mit Rücksicht darauf, daß die Divergenz eines Vektors, der die Rotation eines anderen Vektors darstellt, identisch verschwindet:

(242) $$\operatorname{div}(\operatorname{rot} \mathfrak{H}) = 0\,,$$

die Beziehung

$$\frac{\partial \operatorname{div} \mathfrak{E}}{\partial t} + 4\pi \operatorname{div}(\varrho\,\mathfrak{v}) = 0\,,$$

die in Verbindung mit Gl. (240) die *Kontinuitätsgleichung der Elektrizität*

(243) $$\frac{\partial \varrho}{\partial t} + \operatorname{div}(\varrho\,\mathfrak{v}) = 0$$

liefert; die Geschwindigkeit $\mathfrak{v}$ ist mit $\mathfrak{E}$ und $\mathfrak{H}$ auch noch durch die auf S. 25 betrachtete Gleichung (110) verknüpft.

An der Grenzfläche zweier homogener Isolatoren, die durch die Konstanten ε_1, μ_1, bzw. ε_2, μ_2, charakterisiert sein mögen, sind folgende *Grenzbedingungen* zu berücksichtigen:

1. Die zur Grenzfläche *tangentiellen* Komponenten der *elektrischen Feldstärke* $\mathfrak{E}$ sind stetig.

2. Die zur Grenzfläche *tangentiellen* Komponenten der *magnetischen Feldstärke* $\mathfrak{H}$ sind stetig.

Mit Hilfe des Systems der MAXWELLschen Gleichungen ergeben sich aus vorstehenden zwei Bedingungen noch folgende Bedingungen für die zur Grenzfläche *normalen* Komponenten der dielektrischen Verschiebung $\mathfrak{D}$ und magnetischen Induktion $\mathfrak{B}$, falls auf der Grenzfläche keine wahren Flächenladungen vorhanden sind:

3. Die *Normalkomponente* der *dielektrischen Verschiebung* ist stetig.

4. Die *Normalkomponente* der *magnetischen Induktion* ist stetig.

Ist die x, y-Ebene eines Kartesischen Koordinatensystems die Grenzfläche, so lauten die Bedingungen 1 bis 4:

1. $(E_x)_1 = (E_x)_2\,, \quad (E_y)_1 = (E_y)_2\,,$
2. $(H_x)_1 = (H_x)_2\,, \quad (H_y)_1 = (H_y)_2\,,$
3. $\varepsilon_1\,(E_z)_1 = \varepsilon_2\,(E_z)_2\,,$
4. $\mu_1\,(H_z)_1 = \mu_2\,(H_z)_2\,.$

Von diesen sechs Gleichungen (Bedingungen) sind jedoch, wie bemerkt, nur vier *voneinander unabhängig*, da sich aus diesen die weiteren zwei Bedingungen mit Hilfe der MAXWELLschen Gleichungen ergeben.

Wir benutzen nun die vektoranalytische Identität

$$\text{rot}\,(\text{rot}\,\mathfrak{V}) = \text{grad}\,(\text{div}\,\mathfrak{V}) - \Delta\,\mathfrak{V}\,, \tag{244}$$

von deren Richtigkeit man sich leicht durch Ausrechnung in Komponenten überzeugt, und in der Δ den LAPLACEschen Differentialoperator (vgl. S. 38) bedeutet, zur Ableitung von Wellengleichungen aus dem System der MAXWELLschen Gleichungen für Isolatoren. Multiplizieren wir Gl. (230) mit μ und differentiieren partiell nach t, so folgt zunächst

$$\varepsilon\,\mu\,\frac{\partial^2\,\mathfrak{E}}{\partial\,t^2} = c\,\text{rot}\left(\mu\,\frac{\partial\,\mathfrak{H}}{\partial\,t}\right).$$

Substituieren wir hierin Gl. (232), so resultiert

$$\varepsilon\,\mu\,\frac{\partial^2\,\mathfrak{E}}{\partial\,t^2} = -\,c^2\,\text{rot}\,(\text{rot}\,\mathfrak{E})\,,$$

woraus mit Rücksicht auf Gl. (244)

$$\varepsilon\,\mu\,\frac{\partial^2\,\mathfrak{E}}{\partial\,t^2} = c^2\,\Delta\,\mathfrak{E} - c^2\,\text{grad}\,(\text{div}\,\mathfrak{E})$$

und wegen Gl. (234)

$$\frac{\varepsilon\,\mu}{c^2}\,\frac{\partial^2\,\mathfrak{E}}{\partial\,t^2} = \Delta\,\mathfrak{E} \tag{245}$$

folgt. Durch eine analoge Rechnung kann man für $\mathfrak{H}$ die Differentialgleichung

$$\frac{\varepsilon\,\mu}{c^2}\,\frac{\partial^2\,\mathfrak{H}}{\partial\,t^2} = \Delta\,\mathfrak{H} \tag{246}$$

erhalten. Diese Gleichungen stellen *Wellengleichungen* für die Ausbreitung der elektrischen und magnetischen Feldstärke in homogenen Isolatoren dar. Zur leichteren Diskussion derselben betrachten wir z. B. von Gl. (245) nur die z-Komponente:

$$\frac{\varepsilon\,\mu}{c^2}\,\frac{\partial^2\,E_z}{\partial\,t^2} = \Delta\,E_z\,,$$

und nehmen ferner an, daß E_z von y und z nicht abhängt, d. h. daß E_x in allen Punkten einer zur y,z-Koordinatenebene parallelen Ebene den gleichen Wert hat (*ebene Welle*):

$$\frac{\varepsilon\mu}{c^2}\frac{\partial^2 E_z}{\partial t^2} = \frac{\partial^2 E_z}{\partial x^2}. \tag{247}$$

Diese Gleichung ist vom Typus der S. 11 betrachteten einfachen Wellengleichung (42) mit dem allgemeinen Integral (43):

$$E_z = \Phi_1(x + \mathrm{at}) + \Phi_2(x - \mathrm{at}), \tag{248}$$

wobei Φ_1, Φ_2 zwei willkürliche Funktionen bedeuten und a nach Gl. (247) und (42) den Wert

$$a = \frac{c}{\sqrt{\varepsilon\mu}} \tag{249}$$

hat. Physikalisch bedeutet a die *Fortpflanzungsgeschwindigkeit* der Welle, denn betrachten wir z. B. das partikuläre Integral

$$E_z = \Phi_2(x - \mathrm{at}),$$

so behält E_z einen konstanten Wert, wenn $x - \mathrm{at} = \mathrm{const.}$, d. h. E_z hat einen und denselben Wert für alle die Orte (x) und Zeiten (t), die durch $x - \mathrm{at} = \mathrm{const.}$ miteinander verknüpft sind, so daß sich die Welle *ohne Deformation* mit der Geschwindigkeit

$$\frac{dx}{dt} = a$$

in Richtung der *positiven* x-Achse ausbreitet. Entsprechend gibt $\Phi_1(x + \mathrm{at})$ eine Ausbreitung mit der Geschwindigkeit

$$\frac{dx}{dt} = -a,$$

d. h. mit gleichem Absolutbetrag in Richtung der *negativen* x-Achse. Die elektrische Feldstärke breitet sich also in einem homogenen Isolator mit der durch Gl. (249) gegebenen Geschwindigkeit aus, im Vakuum ($\varepsilon = \mu = 1$), also mit der Geschwindigkeit

$$a = c, \tag{250}$$

d. h. mit Lichtgeschwindigkeit (Vakuumlichtgeschwindigkeit). Analog kann der Nachweis für die gleiche Ausbreitungsgeschwindigkeit der magnetischen Feldstärke geführt werden (*Elektromagnetische Lichttheorie*).

4. Die Differentialgleichungen der Ausgleichsvorgänge.

Von ganz anderer Art als die im vorhergehenden Kapitel betrachtete wellenförmige Ausbreitung der elektrischen und magnetischen Feldstärke in Isolatoren sind die *quasistationären* Ausbreitungserscheinungen in *elektrischen Leitern*. Quasistationär im

Sinne der Elektrodynamik heißt ein Vorgang, der so langsam erfolgt, daß der Term $\varepsilon \frac{\partial \mathfrak{E}}{\partial t}$ in Gl. (237) gegenüber dem Leitungsstromterm $4\pi\lambda\mathfrak{E}$ vernachlässigt werden kann, so daß die Gl. (237) sich auf

$$c \operatorname{rot} \mathfrak{H} = 4\pi\lambda\mathfrak{E} \tag{251}$$

reduziert. Voraussetzung für die Zulässigkeit einer quasistationären Betrachtungsweise ist, daß die Länge des Stromleiters als hinreichend klein gegenüber der Wellenlänge betrachtet werden kann. Multipliziert man Gl. (251) mit μ und differentiiert partiell nach t, so folgt zunächst:

$$4\pi\lambda\mu \frac{\partial \mathfrak{E}}{\partial t} = c \operatorname{rot}\left(\mu \frac{\partial \mathfrak{H}}{\partial t}\right),$$

und Substitution von Gl. (232) ergibt weiter:

$$\frac{4\pi\lambda\mu}{c^2} \frac{\partial \mathfrak{E}}{\partial t} = -\operatorname{rot}(\operatorname{rot}\mathfrak{E}),$$

woraus nach Gl. (244)

$$\frac{4\pi\lambda\mu}{c^2} \frac{\partial \mathfrak{E}}{\partial t} = \Delta\mathfrak{E} - \operatorname{grad}(\operatorname{div}\mathfrak{E})$$

folgt. Enthält der Leiter keine wahre elektrische Ladung und ist seine Dielektrizitätskonstante konstant, so ist nach Gl. (236) $\operatorname{div}\mathfrak{E} = 0$ und daher

$$\frac{\partial \mathfrak{E}}{\partial t} = a^2 \Delta\mathfrak{E} \tag{252}$$

mit

$$a^2 = \frac{c^2}{4\pi\lambda\mu}. \tag{253}$$

Die Gl. (252), die z. B. für die Theorie der durch erdmagnetische Variationen induzierten Erdströme Bedeutung hat, ist von der Wellengleichung (245) grundverschieden. In der Wellengleichung geht die Zeit quadratisch ein; vertauscht man darin also t mit $-t$, so bleibt sie ungeändert, welcher Umstand in physikalischer Hinsicht die Darstellung eines *umkehrbaren* (reversiblen) Vorgangs bedeutet, während die Differentialgleichung (252) einen *nichtumkehrbaren* (irreversiblen) Vorgang beschreibt, durch den im Verlaufe der Zeit ein *Ausgleich* vorhandener Unterschiede eintritt.

Wärmeleitung und *Diffusion* sind klassische Beispiele für Ausgleichsvorgänge. Die Theorie der Wärmeleitung basiert auf der von FOURIER[1] eingeführten Annahme, daß in einem isotropen

[1] JEAN BAPTISTE JOSEPH FOURIER, französischer Mathematiker, 1772 bis 1837.

Körper, dessen Teile ungleiche Temperatur (T) aufweisen, ein Wärmestrom $\mathfrak{S}$ in Richtung des Temperaturgefälles — grad T fließt, der auf die zu grad T senkrechte Flächeneinheit bezogen durch

(254) $$\mathfrak{S} = -\lambda \operatorname{grad} T$$

gegeben ist, in welchem Ansatz λ eine (u. U. temperaturabhängige) Materialkonstante, die *Wärmeleitfähigkeit* bedeutet; $|\mathfrak{S}|$ stellt also die in der Zeiteinheit durch eine zu grad T senkrechte Flächeneinheit hindurchtretende Wärmemenge dar (Wärmestromdichte). Ist τ ein beliebiges, die Masse $\iiint \varrho\, d\tau$ enthaltendes Volumen mit der Oberfläche σ, so ist die in τ enthaltene Wärmemenge gleich $\iiint c\varrho\, T\, d\tau$, worin c die spezifische Wärme und ϱ die Dichte der Substanz darstellt, und die Abnahme dieser Wärmemenge in der Zeiteinheit:

$$-\frac{\partial}{\partial t}\iiint c\varrho\, T\, d\tau = -\iiint c\varrho \frac{\partial T}{\partial t} d\tau,$$

muß dem durch die Oberfläche σ austretenden Wärmestrom ($\mathfrak{n}$ = äußere Normale)

$$\iint \mathfrak{n}\,\mathfrak{S}\, d\sigma = -\iint \lambda \operatorname{grad}_n T\, d\sigma$$

gleich sein, sofern es sich um einen festen Körper handelt, bei dem ein zusätzlicher konvektiver Wärmefluß nicht auftreten kann. Es muß somit die Gleichung

$$\iiint c\varrho \frac{\partial T}{\partial t} d\tau = \iint \lambda \operatorname{grad}_n T\, d\sigma$$

bestehen, die mit Hilfe des Integralsatzes von GAUSS (vgl. S. 40) auch

$$\iiint c\varrho \frac{\partial T}{\partial t} d\tau = \iiint \operatorname{div}(\lambda \operatorname{grad} T)\, d\tau$$

geschrieben werden kann und aus der

(255) $$\frac{\partial T}{\partial t} = \frac{1}{c\varrho} \operatorname{div}(\lambda \operatorname{grad} T)$$

folgt, da das Volumen τ ganz beliebig war. Ist die Wärmeleitfähigkeit λ konstant (*homogener* isotroper Körper), so wird wegen div (grad T) = ΔT:

(256) $$\frac{\partial T}{\partial t} = a^2 \Delta T,$$

worin

$$a^2 = \frac{\lambda}{c\varrho}$$

eine neue Konstante, die *Temperaturleitfähigkeit* bedeutet (Dimension von a^2: $\mathrm{cm^2\,sec^{-1}}$).

Die Gl. (256) hat die Form der Gl. (252) und heißt *Differential gleichung der Wärmeleitung* (in isotropen festen Körpern). Wenn die Temperatur nur von einer Koordinate (x) abhängt, spricht man von *eindimensionaler* Wärmeleitung, deren Differentialgleichung nach (256) also

(257) $$\frac{\partial T}{\partial t} = a^2 \cdot \frac{\partial^2 T}{\partial x^2}$$

lautet. Ist $\frac{\partial T}{\partial t} = 0$, so liegt ein *stationäres* Temperaturfeld vor, für das nach Gl. (256) die LAPLACEsche Gleichung

$$\Delta T = 0$$

gilt.

Zur eindeutigen Bestimmung des Temperaturfeldes und seiner zeitlichen Änderungen sind folgende Anfangs- und Grenzbedingungen zu beachten:

Anfangsbedingung: Zur Zeit $t = 0$ muß das Temperaturfeld $T(x, y, z, 0) = F(x, y, z)$ des betrachteten Körpers vorgegeben sein.

Grenzbedingungen: An der *Oberfläche* des betrachteten Körpers muß für alle Zeiten die Temperatur T, *oder* deren Normalableitung $\frac{\partial T}{\partial n}$, *oder* eine lineare Kombination beider Größen vorgegeben sein. An einer *inneren Begrenzungsfläche*, die zwei homogene isotrope Körper mit den Wärmeleitfähigkeiten λ_1 bzw. λ_2 trennt, muß

(258) $$T_1 = T_2$$

und

(259) $$\lambda_1 \left(\frac{\partial T}{\partial n}\right)_1 = \lambda_2 \left(\frac{\partial T}{\partial n}\right)_2$$

sein; Gl. (258) drückt die Stetigkeit der Temperatur, Gl. (259) die der Normalkomponente des Wärmestroms aus.

Bei der Diffusion entspricht der Wärmestromdichte (254) eine dem Gefälle der Konzentration $-\operatorname{grad} K$ (Dimension der Konzentration K: gr cm^{-3}) proportionale Konzentrationsstromdichte, und die der Differentialgleichung (256) analoge *Diffusionsgleichung* (FICK[1]) enthält an Stelle der Temperaturleitfähigkeit a^2 den *Diffusionskoeffizienten* f^2:

(260) $$\frac{\partial K}{\partial t} = f^2 \Delta K.$$

Für die Wärmeleitung in strömenden *inkompressiblen* idealen *Flüssigkeiten* ($\mathfrak{v}$ = Geschwindigkeitsvektor) gilt an Stelle von Gl. (256) die Gleichung

(261) $$\frac{d T}{d t} = \frac{\partial T}{\partial t} + (\mathfrak{v} \operatorname{grad}) T = a^2 \Delta T,$$

[1] ADOLF FICK, deutscher Physiologe, 1829—1901.

die noch den konvektiven Anteil ($\mathfrak{v}$ grad) T enthält; für *kompressible* (ideale) *Flüssigkeiten* tritt hierzu noch ein der Kompressibilität Rechnung tragender Term

$$\frac{1}{c_v}\, p\, \frac{d}{d\,t}\left(\frac{1}{\varrho}\right) = (\varkappa - 1)\, T \operatorname{div}(\mathfrak{v}), \quad (\varkappa = c_p/c_v)$$

so daß die Wärmeleitungsgleichung

$$(262) \qquad \frac{\partial T}{\partial t} + (\mathfrak{v} \operatorname{grad})\, T + (\varkappa - 1)\, T \operatorname{div}(\mathfrak{v}) = a^2 \Delta T$$

lautet, worin die Temperaturleitfähigkeit durch

$$(263) \qquad a^2 = \frac{\lambda}{\varrho\, c_v}$$

gegeben ist.

Bei der Behandlung von Wärmeleitungsvorgängen in *begrenzten* Körpern ist es oft zweckmäßig, die Anfangsbedingung in Form einer trigonometrischen Reihe (FOURIERsche Reihe) vorzugeben. Es liege z. B. ein lineares Wärmeleitungsproblem (257) für das Intervall $0 < x < 2\pi$ mit den dazugehörigen Grenzbedingungen für $x = 0$ und $x = 2\pi$ vor. Genügt die Anfangstemperatur $T(x, 0) = f(x)$ den sog. DIRICHLETschen Bedingungen[1], d. h. ist $f(x)$ im Intervall $(0, 2\pi)$ überall eindeutig, endlich und integrierbar und weist $f(x)$ ferner in diesem Bereich nur eine endliche Anzahl von Maxima und Minima sowie nur eine endliche Anzahl von Unstetigkeitsstellen auf, so gilt die Reihenentwicklung

$$(264) \qquad f(x) = \frac{1}{2} a_0 + \sum_{1}^{\infty}{}_n \{a_n \cos(n\,x) + b_n \sin(n\,x)\}$$

mit folgenden Bestimmungsgleichungen für die *Entwicklungskoeffizienten* a_n $(n = 0, 1, 2\ldots)$ und b_n $(n = 1, 2, 3\ldots)$:

$$(265) \qquad a_n = \frac{1}{\pi}\int_0^{2\pi} f(x) \cos(n\,x)\, dx, \quad (n = 0, 1, 2, \ldots)$$

$$(266) \qquad b_n = \frac{1}{\pi}\int_0^{2\pi} f(x) \sin(n\,x)\, dx, \quad (n = 0, 1, 2, \ldots)$$

$(b_0 = 0)$. An einer Unstetigkeitsstelle $x = \zeta$ liefert die Reihe (264) das arithmetische Mittel der beiderseitigen Funktionswerte $f(\zeta - 0)$ und $f(\zeta + 0)$, wobei $f(\zeta - 0)$ den Funktionswert unmittelbar vor der Unstetigkeitsstelle und $f(\zeta + 0)$ unmittelbar nach der Unstetigkeitsstelle bedeutet. Erstreckt sich das Intervall

---

[1] PETER GUSTAV LEJEUNE DIRICHLET, deutscher Mathematiker, 1805 bis 1859.

von $-\pi$ bis $+\pi$, so gilt Gl. (264) für dieses Intervall mit der Koeffizientenbestimmung

$$a_n = \frac{1}{\pi} \int_{-\pi}^{+\pi} f(x) \cos(n x)\, dx, \tag{267}$$

$$b_n = \frac{1}{\pi} \int_{-\pi}^{+\pi} f(x) \sin(n x)\, dx, \tag{268}$$

$(n = 0, 1, 2 \ldots)$. Ersetzt man x durch $\frac{\pi x}{L}$, so erhält man eine *Streckung des Intervalls:* $-L < x < +L$, und es gilt unter den oben genannten Voraussetzungen die Reihenentwicklung

$$f(x) = \frac{1}{2} a_0 + \sum_{1}^{\infty} n \left\{ a_n \cos\left(\frac{n\pi}{L} x\right) + b_n \sin\left(\frac{n\pi}{L} x\right) \right\} \tag{269}$$

mit der Koeffizientenbestimmung

$$a_n = \frac{1}{L} \int_{-L}^{+L} f(x) \cos\left(\frac{n\pi}{L} x\right) dx, \tag{270}$$

$$b_n = \frac{1}{L} \int_{-L}^{+L} f(x) \sin\left(\frac{n\pi}{L} x\right) dx, \tag{271}$$

$(n = 0, 1, 2 \ldots)$. Die Koeffizientenbestimmungen (265, 266, 267, 268) sowie (270, 271) beruhen auf der infolge der DIRICHLETschen Bedingungen zulässigen gliedweisen Integration der mit $\cos(n x)$ oder $\sin(n x)$ bzw. $\cos\left(\frac{n\pi}{L} x\right)$ oder $\sin\left(\frac{n\pi}{L} x\right)$ multiplizierten Reihen (264) bzw. (269) in Verbindung mit den folgenden Orthogonalitätsrelationen (vgl. S. 17) der trigonometrischen Funktionen:

$$\int_{-\pi}^{+\pi} \cos(m x) \cos(n x)\, dx = \begin{cases} 0, & \text{wenn } m \neq n, \\ \pi, & \;\;,, \quad m = n > 0, \\ 2\pi, & \;\;,, \quad m = n = 0, \end{cases} \tag{272}$$

$$\int_{-\pi}^{+\pi} \sin(m x) \sin(n x)\, dx = \begin{cases} 0, & \text{wenn } m \neq n, \\ \pi, & \;\;,, \quad m = n > 0, \\ 0, & \;\;,, \quad m = n = 0, \end{cases} \tag{273}$$

$$\int_{-\pi}^{+\pi} \sin(m x) \cos(n x)\, dx = \begin{cases} 0, & \text{wenn } m \neq n, \\ 0, & \;\;,, \quad m = n > 0, \\ 0, & \;\;,, \quad m = n = 0. \end{cases} \tag{274}$$

Läßt man in Gl. (269) mit (270) und (271) $L \to \infty$ gehen, wodurch das Intervall auf $-\infty \leq x \leq +\infty$ gestreckt wird, so erhält man, wie in der höheren Analysis gezeigt wird, durch einen Grenzübergang das FOURIERsche *Integral*

$$f(x) = \frac{1}{2\pi}\int_{-\infty}^{+\infty} d\nu \int_{-\infty}^{+\infty} f(\xi)\cos[\nu(x-\xi)]\,d\xi\,, \tag{275}$$

das unter den folgenden Voraussetzungen gilt:

1. Das Integral $\int_{-\infty}^{+\infty} f(x)\,dx$ ist unbedingt konvergent.

2. $f(x)$ hat in jedem endlichen Teilintervall nur eine endliche Anzahl Maxima und Minima.

3. Wenn $f(x)$ für $x = \zeta$ unstetig wird, so ist unter $f(\zeta)$ das arithmetische Mittel $\frac{1}{2}\left\{f(\zeta-0) + f(\zeta+0)\right\}$ zu verstehen.

(Eine weitere Bedingung für den physikalisch bedeutungslosen Fall, daß $f(x)$ in einzelnen Punkten unendlich wird, unterdrücken wir hier.)

Die Theorie der Wärmeleitung bedient sich oft des FOURIERschen Integrals (275) zur Darstellung der anfänglichen Temperaturverteilung $T(x, 0) = f(x)$ in einem unendlich ausgedehnten linearen Körper.

III. Operatorenrechnung.

1. Definitionen, Differentialoperatoren, HEAVISIDES Verschiebungssatz.

Ein *Operator* ist ein Symbol für eine Rechenvorschrift, die auf eine *rechts* vom Operator stehende *Objektfunktion* auszuüben ist und dadurch eine *Resultatfunktion* ergibt. Der *1. Grundoperator* der Operatorenrechnung ist der *Differentiationsoperator* D, der bei Anwendung auf eine Objektfunktion $f(t)$ die zum Differentialquotienten $\frac{df(t)}{dt} = f'(t)$ führende Rechenvorschrift

$$D f(t) = \lim_{h \to 0} \frac{f(t+h) - f(t)}{h} = f'(t) \tag{276}$$

bedeutet. In dieser Gleichung stellt $f'(t)$ die Resultatfunktion dar. Enthält die Objektfunktion $f(t, x, y, z \ldots)$ mehrere unabhängige Variable, so unterscheiden wir die sich auf die einzelnen Variablen $t, x, y, z \ldots$ beziehenden partiellen Ableitungen durch die Operatoren D_t, D_x, D_y, D_z . . . , also:

$$(277)\quad \begin{cases} D_t\, f\,(t,\, x,\, y,\, z\,\ldots) = \lim\limits_{h \to 0} \dfrac{f\,(t+h,\, x,\, y,\, z\,\ldots) - f\,(t,\, x,\, y,\, z\,\ldots)}{h} \\ \qquad = \dfrac{\partial f}{\partial t}, \\ D_x\, f\,(t,\, x,\, y,\, z\,\ldots) = \lim\limits_{h \to 0} \dfrac{f\,(t,\, x+h,\, y,\, z\,\ldots) - f\,(t,\, x,\, y,\, z\,\ldots)}{h} \\ \qquad = \dfrac{\partial f}{\partial x} \end{cases}$$

usw.

Wiederholte Anwendung desselben Operators führt auf die *iterierten* Operatoren

$$(278)\qquad D \cdot D = D^2,\; D \cdot D^2 = D^3,\; \ldots,\; D \cdot D^{n-1} = D^n,$$

die bei Anwendung auf die Objektfunktion $f\,(t)$ also die Ableitungen

$$D^2 f\,(t) = f''\,(t),\; D^3 f\,(t) = f'''\,(t)\; \ldots,\; D^n f\,(t) = f^{(n)}\,(t)$$

ergeben. Bedeutet a eine Konstante, so ist nach den Regeln der Differentialrechnung

$$\frac{d^n}{d\,t^n}\, a\, f\,(t) = a\, \frac{d^n}{d\,t^n}\, f\,(t),$$

also operatorenmäßig geschrieben:

$$(279)\qquad D^n\, a\, f\,(t) = a\, D^n\, f\,(t),$$

d. h. eine Größe, auf die der Operator *nicht einwirkt*, kann *nach links oder rechts durch den Operator hindurchgezogen* werden. Entsprechend gilt z. B.:

$$(280)\qquad D_x^n\, f\,(x)\, F\,(y) = F\,(y)\, D_x^n\, f\,(x),$$

$$(281)\qquad D_y^n\, f\,(x)\, F\,(y) = f\,(x)\, D_y^n\, F\,(y).$$

Für den Grundoperator und die iterierten Operatoren gilt nach den Regeln der Differentialrechnung das *distributive* Gesetz:

$$D\,\{u\,(t) + v\,(t) + \ldots\} = D\,u\,(t) + D\,v\,(t) + \ldots,$$

$$D^n\,\{u\,(t) + v\,(t) + \ldots\} = D^n\,u\,(t) + D^n\,v\,(t) + \ldots.$$

Auch *eine Funktion $F\,(D)$ des Grundoperators D*, die auf eine rechts vom Funktionssymbol stehende Objektfunktion $f\,(t)$ einwirkt, bedeutet eine Rechenvorschrift zur Anwendung auf die Objektfunktion und wird verallgemeinert als *Operator* bezeichnet. So bedeutet z. B. die Funktion (a, b, c = Konstanten)

$$F\,(D) = a\,D^2 + b\,D + c$$

des Grundoperators D bei Anwendung auf die Objektfunktion $f(t)$ die folgende Rechenvorschrift:

$$F(D)\,f(t) = a\frac{d^2 f}{d t^2} + b\frac{d f}{d t} + c f\,.$$

Eine lineare Kombination von iterierten Grundoperatoren bis zur n-ten Ordnung mit den konstanten Koeffizienten $a_0, a_1, a_2, \ldots a_{n-1}, a_n$:

(282) $$L_n(D) = a_0 D^n + a_1 D^{n-1} + \ldots + a_{n-1} D + a_n,$$

($a_0 \neq 0$, $a_n \neq 0$) heißt *linearer Differentialoperator n-ter Ordnung mit konstanten Koeffizienten*. Für derartige Operatoren gilt das *kommutative* Gesetz der Algebra, d. h. ist

(283) $$N_m(D) = b_0 D^m + b_1 D^{m-1} + \ldots + b_{m-1} D + b_m$$

ein zweiter linearer Differentialoperator m-ter Ordnung ($m \gtreqless n$; $b_0 \neq 0$, $b_m \neq 0$) mit konstanten Koeffizienten, so ist

(284) $$L_n(D)\,N_m(D) = N_m(D)\,L_n(D).$$

Unter dem zu $L_n(D)$ *inversen* Operator $J_n(D)$ versteht man einen Operator, der die durch $L_n(D)$ symbolisierte Rechenvorschrift aufhebt, so daß die Resultatfunktion mit der Objektfunktion übereinstimmt:

(285) $$J_n(D)\,L_n(D)\,f(t) = f(t),$$

welche Beziehung unter Fortlassung der Objektfunktion auch

(286) $$J_n(D)\,L_n(D) = 1$$

geschrieben werden kann, und es empfiehlt sich ersichtlich dafür die Schreibweise

(287) $$\frac{1}{L_n(D)}\,L_n(D) = L_n^{-1}(D)\,L_n(D) = 1,$$

also

(288) $$J_n(D) = L_n^{-1}(D),$$

zwecks Übereinstimmung mit den Regeln der Algebra.

Wir betrachten nun z. B. die lineare inhomogene Differentialgleichung (8) (vgl. S. 4) mit konstantem Koeffizienten:

$$a_0\,\psi^{(n)} + a_1\,\psi^{(n-1)} + \ldots + a_{n-1}\,\psi' + a_n\,\psi = S(t),$$

die in operatorenmäßiger Schreibweise also

(289) $$L_n(D)\,\psi = S(t)$$

lautet. Zur Ermittlung eines Integrals dieser Differentialgleichung ist es notwendig, den durch den Operator $L_n(D)$ symbolisch dargestellten Differentiationsprozeß rückgängig zu machen, was nach unsern vorstehenden Ausführungen durch Anwendung des zu $L_n(D)$ inversen Operators $L_n^{-1}(D)$ erreicht wird:

$$\psi = L_n^{-1}(D)\, S(t), \tag{290}$$

oder in gleichwertiger Schreibweise:

$$\psi = \frac{1}{L_n(D)}\, S(t), \tag{291}$$

welche Gleichungen eine Lösung der Differentialgleichung (289) *in symbolischer Form* darstellen. Die weitere Aufgabe besteht dann darin, den auf den rechten Seiten von (290) bzw. (291) auftretenden Operatorenausdruck $L_n^{-1}(D)\, S(t)$ bzw. $\frac{1}{L_n(D)}\, S(t)$ zu *realisieren*, d. h. in eine Resultatfunktion der Variablen t überzuführen. Hierfür liefert die Operatorenrechnung verschiedene Möglichkeiten; ein einfacher Weg ist z. B. folgender: Man entwickle den Operator $L_n^{-1}(D)$ in eine Reihe nach steigenden Potenzen von D, als sei dieser Grundoperator eine algebraische Größe:

$$L_n^{-1}(D) = c_0 + c_1 D + c_2 D^2 + \ldots = \sum_0^\infty {}_m\, c_m D^m, \tag{292}$$

worin c_m $(m = 0, 1, 2 \ldots)$ die Entwicklungskoeffizienten bedeuten. Es folgt dann aus (290) und (292):

$$\psi = L_n^{-1}(D)\, S(t) = \sum_0^\infty {}_m\, c_m D^m S(t), \tag{293}$$

worin also $D^m S(t)$ die m-te Ableitung von $S(t)$ bedeutet.

Liegt z. B. die Differentialgleichung (a, b = Konstanten)

$$\frac{d\psi}{dt} - a\psi = b t^2 \tag{294}$$

vor, die in Operatorenschreibweise

$$(D - a)\,\psi = b t^2$$

lautet, so ist

$$\psi = \frac{1}{D - a}\, b t^2$$

eine symbolische Lösung. Nun ist weiter

$$\frac{1}{D-a} = -\frac{1}{(a-D)} = -\frac{1}{a}\cdot\frac{1}{\left(1-\frac{D}{a}\right)} = -\frac{1}{a}\left(1 + \frac{D}{a} + \frac{D^2}{a^2} + \frac{D^3}{a^3} + \ldots\right),$$

also

$$\psi = -\frac{1}{a}\left(1 + \frac{D}{a} + \frac{D^2}{a^2} + \frac{D^3}{a^3} + \dots\right) b\, t^2$$

$$= -\frac{b}{a}\left(t^2 + \frac{D}{a} t^2 + \frac{D^2}{a^2} t^2 + \frac{D^3}{a^3} t^2 + \dots\right)$$

$$= -\frac{b}{a}\left(t^2 + \frac{2\,t}{a} + \frac{2}{a}\right),$$

welche Lösung ein partikuläres Integral von Gl. (294) darstellt. Ersichtlich brauchte die Entwicklung von $\frac{1}{D-a}$ nicht über D^2 hinausgeführt werden, weil alle höheren Ableitungen von t^2 verschwinden.

Von besonderer Bedeutung für die physikalisch wichtigen Differentialgleichungen sind Operatoren von der Form $F(D^2)$, die den Grundoperator D quadratisch enthalten. Liegt z. B. die Differentialgleichung

$$\frac{d^2\psi}{d\,t^2} + k^2\psi = S(t)$$

vor, die in Operatorenschreibweise

$$(D^2 + k^2)\,\psi = S(t)$$

lautet, so ist

$$\psi = \frac{1}{D^2 + k^2} S(t) = F(D^2)\, S(t)$$

eine symbolische Lösung. Wird $F(D^2)$ nach steigenden Potenzen von D^2 entwickelt:

$$(295)\quad F(D^2) = c_0 + c_1 D^2 + c_2 (D^2)^2 + \dots = \sum_0^\infty{}_m\, c_m (D^2)^m,$$

so ergibt die Anwendung von $F(D^2)$ auf eine Sinus- oder Kosinusfunktion

$$S(t) = \sin(a\,t + b)$$

bzw.

$$S(t) = \cos(a\,t + b)$$

wegen

$$D^2 \sin(a\,t + b) = (-a^2)\sin(a\,t + b),$$
$$(D^2)^m \sin(a\,t + b) = (-a^2)^m \sin(a\,t + b),$$

bzw.

$$D^2 \cos(a\,t + b) = (-a^2)\cos(a\,t + b),$$
$$(D^2)^m \cos(a\,t + b) = (-a^2)^m \cos(a\,t + b),$$

nach Gl. (295):

$$F(D^2)\sin(a\,t + b) = \sin(a\,t + b) \sum_0^\infty{}_m\, c_m (-a^2)^m,$$

bzw.

$$F(D^2)\cos(a\,t+b)=\cos(a\,t+b)\sum_0^\infty{}_m\, c_m(-a^2)^m.$$

Die auf den rechten Seiten der beiden letzten Gleichungen auftretende Reihe

$$\sum_0^\infty{}_m\, c_m(-a^2)^m$$

ist aber nach Gl. (295) gleich $F(-a^2)$, geht also aus dem Operator $F(D^2)$ hervor, indem man D^2 ersetzt durch das negative Quadrat des Koeffizienten der unabhängigen Variablen in der Sinus- bzw. Kosinusfunktion, auf die der Operator $F(D^2)$ angewandt wird. Wir erhalten somit die wichtigen Formeln:

(296) $$F(D^2)\sin(a\,t+b)=F(-a^2)\sin(a\,t+b),$$

(297) $$F(D^2)\cos(a\,t+b)=F(-a^2)\cos(a\,t+b).$$

Als Anwendung dieser Formeln betrachten wir die inhomogene Schwingungsgleichung (vgl. S. 32)

(298) $$\frac{d^2x}{d\,t^2}+\omega_0^2\,x=A\cos(\omega\,t+B),\quad(|\omega|\neq|\omega_0|)$$

deren Operatorenschreibweise

$$(D^2+\omega_0^2)\,x=A\cos(\omega\,t+B),$$

eine symbolische Lösung

$$x=\frac{1}{D^2+\omega_0^2}A\cos(\omega\,t+B)=A\cdot\frac{1}{D^2+\omega_0^2}\cos(\omega\,t+B)$$

hat, die von der Form

$$A\cdot F(D^2)\cos(\omega\,t+B)$$

ist, mit

(299) $$F(D^2)=\frac{1}{D^2+\omega_0^2}\,.$$

Nach Gleichung (297) ist dann

$$x=A\cdot F(D^2)\cos(\omega\,t+B)=A\cdot F(-\omega^2)\cos(\omega\,t+B),$$

so daß

(300) $$x=A\cdot\frac{1}{\omega_0^2-\omega^2}\cos(\omega\,t+B)$$

ein Integral der Differentialgleichung (298) darstellt (partikuläres Integral), da nach Gleichung (299)

$$F(-\omega^2)=\frac{1}{\omega_0^2-\omega^2}\,.$$

Die Lösung für den Resonanzfall $|\omega|=|\omega_0|$ werden wir später besonders betrachten.

Wenden wir die Entwicklung (295) für den Operator $F(D^2)$ auf die Exponentialfunktion $e^{\pm at}$ an, so ergibt sich wegen

$$D^2 e^{\pm at} = (+a^2)\, e^{\pm at},$$

und

$$(D^2)^m e^{\pm at} = (+a^2)^m e^{\pm at},$$

die Formel:

$$F(D^2)\, e^{\pm at} = F(a^2)\, e^{\pm at} \tag{301}$$

Die Objektfunktion sei von der Form $e^{at} f(t)$; wir bilden nacheinander durch Differentiation:

$$\left\{\begin{aligned} D\, e^{at} f(t) &= e^{at} D f(t) + e^{at} a f(t) = e^{at}(D+a) f(t)\\ D^2 e^{at} f(t) &= e^{at}\, a(D+a) f(t) + e^{at} D(D+a) f(t)\\ &= e^{at}(D+a)^2 f(t),\\ &\cdots\cdots\cdots\cdots\cdots\cdots\\ D^n e^{at} f(t) &= e^{at}(D+a)^n f(t). \end{aligned}\right. \tag{302}$$

Hierin bedeutet z. B. $(D+a)^2 f(t) = (D^2 + 2aD + a^2) f(t)$ d. h.

$$(D+a)^2 f(t) = D^2 f(t) + 2a D f(t) + a^2 f(t),$$

und entsprechend

$$(D+a)^n f(t) = \left\{D^n + \binom{n}{1} D^{n-1} a + \binom{n}{2} D^{n-2} a^2 + \ldots + a^n\right\} f(t)$$

$$= D^n f(t) + a \binom{n}{1} D^{n-1} f(t) + a^2 \binom{n}{2} D^{n-2} f(t) + \ldots + a^n f(t)$$

mit den Binomialkoeffizienten $\binom{n}{k}$ $(k = 0, 1, \ldots n)$. Wenden wir die Entwicklung eines Operators $F(D)$ nach steigenden Potenzen von D (vgl. S. 62):

$$F(D) = c_0 + c_1 D + c_2 D^2 + \ldots = \sum_0^\infty {}^n c_n D^n, \tag{303}$$

auf eine Objektfunktion $e^{at} f(t)$ an, so erhalten wir mit Rücksicht auf die Gleichungen (302)

$$F(D)\, e^{at} f(t) = e^{at} \sum_0^\infty {}^n c_n (D+a)^n f(t),$$

oder

$$F(D)\, e^{at} f(t) = e^{at} F(D+a) f(t), \tag{304}$$

da nach Gl. (303):

$$F(D+a) = \sum_0^\infty {}^n c_n (D+a)^n.$$

Die Gl. (304) zeigt, daß eine Exponentialfunktion e^{at} nach *links* durch den Operator $F(D)$ hindurchgezogen werden kann, wenn im Operator $F(D)$ der Grundoperator D durch $D+a$ ersetzt wird. Setzen wir in Gl. (304) $D-a$ an Stelle von D und vertauschen die beiden Seiten der Gleichung, so resultiert:

$$e^{at} F(D) f(t) = F(D-a) e^{at} f(t), \tag{305}$$

welche Gleichung besagt, daß eine Exponentialfunktion e^{at} nach *rechts* durch den Operator $F(D)$ hindurchgezogen werden kann, wenn im Operator $F(D)$ der Grundoperator D durch $D-a$ ersetzt wird.

Vertauscht man a mit $-a$, so lauten die Gleichungen (304) bzw. (305):

$$F(D) e^{-at} f(t) = e^{-at} F(D-a) f(t), \tag{306}$$

bzw.

$$e^{-at} F(D) f(t) = F(D+a) e^{-at} f(t). \tag{307}$$

Die Gleichungen (304, 305) bzw. (306, 307) stellen den sog. HEAVISIDEschen *Verschiebungssatz* dar[1].

2. Integraloperatoren, elementare Formeln der Operatorenrechnung.

Der *2. Grundoperator* der Operatorenrechnung ist der *Integrationsoperator*, der mit D^{-1} bezeichnet wird:

$$D^{-1} f(t) = \int_0^t dt\, f(t).$$

Derselbe hätte auch für das unbestimmte Integral

$$D^{-1} f(t) = \int dt\, f(t)$$

eingeführt werden können, jedoch ziehen wir die Definition mit 0 als unterer Grenze des Integrals vor, weil damit eine Einführung der Anfangs- bzw. Grenzbedingungen bei der operatorenmäßigen Lösung der Differentialgleichungen von selbst erfolgt (vgl. S. 71). Die Grundoperatoren D und D^{-1} sind dann aber nur kommutativ, wenn $f(0) = 0$, denn es ist

$$D^{-1} D f(t) = \int_0^t dt \frac{d}{dt} f(t) = f(t) - f(0),$$

$$D D^{-1} f(t) = \frac{d}{dt} \int_0^t dt\, f(t) = f(t),$$

also

$$(D D^{-1} - D^{-1} D) f(t) = f(0).$$

---

[1] OLIVER HEAVISIDE, englischer Elektrophysiker, 1850—1925.

Durch wiederholte Anwendung des Integrationsoperators D^{-1} erhält man die iterierten Operatoren

$D^{-2} = D^{-1} D^{-1}$, $D^{-3} = D^{-1} D^{-2}, \ldots, D^{-n} = D^{-1} D^{-(n-1)}$,

die bei Anwendung auf die Objektfunktion $f(t)$ also die Integrale

$$D^{-2} f(t) = \int_0^t dt \int_0^t dt\, f(t), \quad D^{-3} f(t) = \int_0^t dt \int_0^t dt \int_0^t dt\, f(t)$$

$$D^{-n} f(t) = \underbrace{\int_0^t dt \int_0^t dt \ldots \int_0^t}_{n} dt\, f(t)$$

bedeuten, wozu wir hier für spätere Anwendungen noch die nützliche Formel

$$\underbrace{\int_0^t dt \int_0^t dt \ldots \int_0^t}_{n} dt\, f(t) = \frac{1}{(n-1)!} \int_0^t f(\zeta)\,(t-\zeta)^{n-1}\, d\zeta \tag{308}$$

vermerken, durch die das n-fache Integral auf ein einfaches zurückgeführt wird; $(n-1)! = 1 \cdot 2 \cdot 3 \ldots (n-2) \cdot (n-1)$. Der Integrationsoperator kann auch auf eine *konstante* Objektfunktion $f(t) = c$ angewandt werden, wobei wir die Konstante ohne Beschränkung der Allgemeinheit gleich Eins setzen können, da ein konstanter Faktor durch den Operator nach links hindurchgezogen werden kann:

$$D^{-1} c = c\, D^{-1}\, 1 .$$

Es bedeutet nun

$$D^{-1}\, 1 = \int_0^t d t\, 1 = t ,$$

ferner

$$D^{-2}\, 1 = \int_0^t d t \int_0^t d t\, 1 = \frac{t^2}{2} ,$$

$$D^{-3}\, 1 = \int_0^t d t \int_0^t d t \int_0^t d t\, 1 = \frac{t^3}{2 \cdot 3} = \frac{t^3}{3!} ,$$

also allgemein:

$$D^{-n}\, 1 = \frac{t^n}{n!} , \tag{309}$$

$(n = 0, 1, 2, \ldots)$, welche Gleichung somit die Realisierung des iterierten Operators bei Anwendung auf die Objektfunktion 1 darstellt. Wir werden künftig, sofern Mißverständnisse nicht zu befürchten sind, den „Faktor“ 1 unterdrücken, also für Gl. (309)

einfacher

$$D^{-n} = \frac{t^n}{n!} \tag{310}$$

schreiben.

Hierzu sei bemerkt, daß wir uns im folgenden gemäß Definition des Integrationsoperators $D^{-1} = \int_0^t dt$ mit Null als *unterer* Grenze des Integrals auf Funktionen der unabhängigen Variablen t *für* $t > 0$ *beschränken*, sofern nicht ausdrücklich eine Erweiterung auf negative Argumentwerte vermerkt wird. Entsprechendes gilt für Funktionen mehrerer Variablen. Hier definieren wir die inversen Grundoperatoren D_t^{-1}, D_x^{-1}, ... durch

$$D_t^{-1} = \int_0^t dt\,, \quad D_x^{-1} = \int_0^x dx\,, \ldots.$$

Diese Beschränkung auf *positive Argumentwerte* bedeutet keinerlei Einschränkung bei der Anwendung der Operatorenrechnung auf physikalische Aufgaben und hat zudem den Vorteil, durch Anwendung der inversen Grundoperatoren sofort die Anfangs- bzw. Randbedingungen einzuführen, wie folgendes Beispiel zeigt:

$$\frac{\partial \psi(x,t)}{\partial t} + c\,\frac{\partial \psi(x,t)}{\partial x} = 0\,,$$

$$D_t^{-1}\left\{\frac{\partial \psi}{\partial t} + c\,\frac{\partial \psi}{\partial x}\right\} = \psi(x,t) - \psi(x,0) + c\,D_t^{-1}\,D_x\,\psi = 0\,.$$

Es sei nun

$$F(D) = c_0 + c_1 D^{-1} + c_2 D^{-2} + \ldots = \sum_0^\infty{}^n c_n D^{-n} \tag{311}$$

die Entwicklung eines Operators $F(D)$ nach fallenden Potenzen von D; wird dieser Operator auf die Objektfunktion 1 angewandt, und jeder Operatorenterm $c_n D^{-n}$ gemäß (309) bzw. (310) *realisiert*, so stellt

$$F(D) = F(D)\,1 = \sum_0^\infty{}^n c_n \frac{t^n}{n!} \tag{312}$$

die $F(D)$ bzw. $F(D)\,1$ entsprechende Resultatfunktion dar, wobei die Konvergenz der auf der rechten Seite von Gl. (312) stehenden unendlichen Reihe in jedem Fall zu prüfen ist. Es sei z. B. (a = Konstante):

$$F(D) = \frac{1}{1 - a\,D^{-1}} \tag{313}$$

Entwicklung nach fallenden Potenzen von D ergibt

$$F(D) = 1 + a D^{-1} + a^2 D^{-2} + \ldots = \sum_{0}^{\infty}{}_n\, a^n D^{-n},$$

woraus sich durch Realisierung jedes Terms gemäß Gl. (310):

$$a^n D^{-n} = \frac{a^n t^n}{n!}$$

die Resultatfunktion

(314) $$\frac{1}{1 - a D^{-1}} = \sum_{0}^{\infty}{}_n \frac{a^n t^n}{n!}$$

ergibt. Die rechtsstehende unendliche Reihe konvergiert für alle endlichen Werte von at und stellt die Exponentialfunktion e^{at} dar, so daß Gl. (314) die Form

(315) $$\frac{1}{1 - a D^{-1}} = e^{at}$$

annimmt. Vertauscht man hierin a mit $-a$, so folgt weiter:

(316) $$\frac{1}{1 + a D^{-1}} = e^{-at}.$$

Hierzu sei noch bemerkt, daß die linken Seiten von (315) und (316) durch algebraische „Erweiterung" des Zählers und Nenners mit D auch

(317) $$\frac{D}{D - a} \text{ bzw. } \frac{D}{D + a}$$

geschrieben werden können, ohne daß sich die Resultatfunktionen ändern, da die Operatoren (317) dieselben Entwicklungen nach steigenden Potenzen von D^{-1} haben wie die linken Seiten von Gl. (315) bzw. (316):

(318) $$\frac{D}{D - a} = e^{at},$$

(319) $$\frac{D}{D + a} = e^{-at}.$$

Die Formeln (315, 316) bzw. (318, 319) sind von der Form der symbolischen Gleichung

(320) $$F(D) = h(t),$$

oder ausführlicher:

(321) $$F(D)\, 1 = h(t),$$

welche symbolischen Gleichungen so zu verstehen sind: *Die rechtsstehende Resultatfunktion $h(t)$ ist das Ergebnis der Einwirkung des Operators $F(D)$ auf die Objektfunktion* 1.

Addiert man (318) und (319), so folgt

$$\frac{D}{D-a} + \frac{D}{D+a} = e^{at} + e^{-at},$$

und bringen wir die Operatorenausdrücke der linken Seite auf den Hauptnenner $(D-a)\cdot(D+a) = D^2 - a^2$, so resultiert

$$\frac{D^2}{D^2-a^2} = \frac{1}{2}\left(e^{at} + e^{-at}\right),$$

worin die rechte Seite den *hyperbolischen Kosinus* $\mathrm{Cos}\,(a\,t)$ darstellt. Es gilt somit die symbolische Gleichung

$$\frac{D^2}{D^2-a^2} = \mathrm{Cos}\,(a\,t). \tag{322}$$

Entsprechend hatte man durch Subtraktion von Gl. (318 und (319) die symbolische Gleichung

$$\frac{D}{D^2-a^2} = \frac{1}{a}\,\mathrm{Sin}\,(a\,t) \tag{323}$$

für den *hyperbolischen Sinus*

$$\mathrm{Sin}\,(a\,t) = \frac{1}{2}\left(e^{at} - e^{-at}\right)$$

erhalten. Zwischen den Gleichungen (323) und (322) besteht der folgende einfache Zusammenhang: Übt man den Operator

$$D = \frac{d}{d\,t}$$

von links auf Gl. (323) aus, so ergibt sich Gl. (322):

$$D\,\frac{D}{D^2-a^2} = \frac{D^2}{D^2-a^2} = \frac{1}{a}\,\frac{d}{d\,t}\,\mathrm{Sin}\,(a\,t) = \mathrm{Cos}\,(a\,t).$$

Auf Grund der Gleichungen $(i = \sqrt{-1})$:

$$e^{+i\,a\,t} = \cos\,(a\,t) + i\,\sin\,(a\,t)\,, \tag{324}$$

$$e^{-i\,a\,t} = \cos\,(a\,t) - i\,\sin\,(a\,t\,\,, \tag{325}$$

bestehen zwischen den trigonometrischen Funktionen (sin, cos) und den hyperbolischen Funktionen (Sin, Cos) folgende Zusammenhänge:

$$\cos\,(a\,t) = \frac{e^{i\,a\,t} + e^{-i\,a\,t}}{2} = \mathrm{Cos}\,(i\,a\,t)\,, \tag{326}$$

$$\sin\,(a\,t) = \frac{e^{i\,a\,t} - e^{-i\,a\,t}}{2\,i} = \frac{1}{i}\,\mathrm{Sin}\,(i\,a\,t)\,. \tag{327}$$

Ersetzt man also in Gl. (322) a durch $i\,a$, beachtet $(i)^2 = -1$ und Gl. (326), so resultiert:

$$\frac{D^2}{D^2+a^2} = \cos\,(a\,t)\,. \tag{328}$$

Entsprechend findet man aus Gl. (323) mit Rücksicht auf Gl. (327):

(329) $$\frac{D}{D^2 + a^2} = \frac{1}{a} \sin(a t).$$

Die vorstehend gewonnenen Formeln erlauben uns z. B., die homogene Schwingungsgleichung (50):

(330) $$\frac{d^2 \psi}{d t^2} + a^2 \psi = 0$$

operatorenmäßig zu lösen. Als Anfangsbedingungen seien vorgegeben:

(331) $$\psi(0) = 0 ,$$

(332) $$\psi'(0) = v = \text{const.}$$

(vgl. S. 13). Üben wir auf Gl. (330) den Operator $\int\limits_0^t dt = D^{-1}$ aus, so resultiert mit Rücksicht auf Gl. (332):

$$\frac{d\psi}{dt} - v + D^{-1} a^2 \psi = 0 ,$$

oder

$$\frac{d\psi}{dt} + a^2 D^{-1} \psi = v .$$

Nochmalige Anwendung des Operators D^{-1} führt wegen Gl. (331) auf

$$\psi + a^2 D^{-2} \psi = D^{-1} v = v D^{-1} ,$$

welche Gleichung

$$(1 + a^2 D^{-2}) \psi = v D^{-1}$$

geschrieben werden kann und die symbolische Lösung

$$\psi = \frac{1}{1 + a^2 D^{-2}} v D^{-1} = v \cdot \frac{D^{-1}}{1 + a^2 D^{-2}}$$

besitzt, die auch („Erweiterung“ mit D^2) auf die Form

(333) $$\psi = v \frac{D}{D^2 + a^2}$$

gebracht werden kann, da $\frac{D}{D^2 + a^2}$ dieselbe Entwicklung nach fallenden Potenzen von D besitzt wie $\frac{D^{-1}}{1 + a^2 D^{-2}}$. Aus Gl. (333) folgt dann nach Gl. (329):

(334) $$\psi = \frac{v}{a} \sin(a t) ,$$

in Übereinstimmung mit der S. 14 gefundenen Lösung.

Faßt man a in Gl. (318) als stetig veränderlichen Parameter auf, so kann man sich durch Differentiation von Gl. (318) nach a

neue Operatoren mit den dazugehörigen Resultatfunktionen verschaffen:

$$\frac{\partial}{\partial a}\frac{D}{D-a}=\frac{\partial}{\partial a}e^{at}$$

ergibt z. B.

$$\frac{D}{(D-a)^2}=t\,e^{at},$$

woraus man durch weitere Differentiation

(335)
$$\left|\begin{array}{l}\dfrac{D}{(D-a)^3}=\dfrac{t^2}{2}e^{at},\\[2mm] \dfrac{D}{(D-a)^4}=\dfrac{t^3}{2\cdot 3}e^{at},\\ \dots\dots\dots\dots\dots\dots \\ \dfrac{D}{(D-a)^n}=\dfrac{t^{n-1}}{(n-1)!}e^{at}\end{array}\right.$$

erhält. In ähnlicher Weise resultiert aus Gl. (319):

(336)
$$\frac{D}{(D+a)^n}=\frac{t^{n-1}}{(n-1)!}e^{-at}.$$

Einen weiteren wichtigen Operator erhält man aus Gl. (319), wenn man auf beiden Seiten dieser Gleichung 1 subtrahiert:

$$\frac{D}{D+a}-1=e^{-at}-1,$$

woraus weiter

$$\frac{D-(D+a)}{D+a}=e^{-at}-1$$

oder

(337)
$$\frac{1}{D+a}=\frac{1}{a}(1-e^{-at})$$

folgt; entsprechend gilt:

(338)
$$\frac{1}{D-a}=-\frac{1}{a}(1-e^{at})=\frac{1}{a}(e^{at}-1).$$

Zwecks Realisierung von Operatoren ist manchmal die Anwendung des HEAVISIDEschen Verschiebungssatzes (vgl. S. 66) sehr nützlich. Betrachten wir z. B. den Operator

(339)
$$F(D)=\frac{D(D-a)}{(D-a)^2+b^2},\quad (a \gtrless 0)$$

der beispielsweise bei der operatorenmäßigen Lösung von Differentialgleichungen für gedämpfte Schwingungen auftritt (vgl. S. 31). Gesucht sei die Resultatfunktion $h(t)$, die sich durch Anwendung des Operators (339) auf die Objektfunktion 1 ergibt:

(340)
$$h(t)=\frac{D(D-a)}{(D-a)^2+b^2}=F(D)\,1=F(D).$$

Multiplizieren wir diese Gleichung mit e^{-at}, so folgt

$$e^{-at}\,h(t) = \frac{e^{-at}\,D\,(D-a)}{(D-a)^2+b^2}$$

oder durch Anwendung des HEAVISIDEschen Verschiebungssatzes in der Form (307):

(341) $$e^{-at}\,h(t) = \frac{(D+a)\,D}{D^2+b^2}\,e^{-at}.$$

Nun ist nach Gl. (319):

$$e^{-at} = \frac{D}{D+a}$$

womit aus Gl. (341)

$$e^{-at}\,h(t) = \frac{(D+a)\,D}{D^2+b^2}\cdot\frac{D}{D+a} = \frac{D^2}{D^2+b^2}$$

resultiert, und dieses Ergebnis bedeutet nach Gl. (328):

$$e^{-at}\,h(t) = \cos(b\,t)\,,$$

d. h.

(342) $$h(t) = e^{at}\cos(b\,t)\,.$$

Somit folgt aus (340) und (342):

(343) $$\frac{D\,(D-a)}{(D-a)^2+b^2} = e^{at}\cos(b\,t)\,,\quad (a \gtrless 0)\,.$$

In ähnlicher Weise findet man:

(344) $$\frac{D}{(D-a)^2+b^2} = \frac{e^{at}\sin(b\,t)}{b}\,,\quad (a \gtrless 0)\,.$$

3. Der Entwicklungssatz.

Es sei die Differentialgleichung

$$\frac{d^2\psi}{d\,t^2} - k^2\,\psi = 0$$

operatorenmäßig zu lösen mit folgenden Anfangsbedingungen:

(345) $$\psi'(0) = b\,,$$

(346) $$\psi(0) = a\,.$$

Einmalige Anwendung des Operators $\int\limits_0^t dt = D^{-1}$ auf die Differentialgleichung ergibt:

$$\frac{d\,\psi}{d\,t} - k^2\,D^{-1}\,\psi = \psi'(0) = b\,,$$

während nochmalige Operation mit D^{-1} auf

$$\psi - k^2\,D^{-2}\,\psi = b\,D^{-1} + \psi(0) = b\,D^{-1} + a$$

führt, welche Gleichung

$$(1 - k^2 D^{-2}) \psi = b D^{-1} + a$$

geschrieben werden kann und die symbolische Lösung

(347) $$\psi = \frac{b D^{-1} + a}{1 - k^2 D^{-2}} = \frac{a D^2 + b D}{D^2 - k^2}$$

besitzt, deren Umdeutung in eine Resultatfunktion auf die Aufgabe führt, einen Operator zu realisieren, der sich in der Form

$$\frac{f(D)}{F(D)} = \frac{a D^2 + b D}{D^2 - k^2}$$

als Quotient zweier ganzer rationaler Funktionen von D darstellt, wobei $F(D)$ von gleichem $(a \neq 0)$ oder höherem $(a = 0)$ Grad als $f(D)$ ist. In entsprechender Weise würde sich die Lösung einer homogenen linearen Differentialgleichung n-ter Ordnung mit konstanten Koeffizienten:

$$L_n(D) \psi = 0 ,$$

wobei $L_n(D)$ durch Gl. (282) erklärt ist, in der Form $\psi = \frac{f(D)}{F(D)}$ darstellen, worin $F(D)$ eine ganze rationale Funktion n-ten Grades und $f(D)$ eine solche gleichen oder niederen Grades bedeutet. Es ist $F(D)$ mit dem linearen Differentialoperator $L_n(D)$ der vorgelegten Differentialgleichung identisch:

(348) $$F(D) \equiv L_n(D) ,$$

während $f(D)$ von den zugehörigen Anfangsbedingungen abhängt, wie am Beispiel (347) ersichtlich ist.

Die Gleichung n-ten Grades

(349) $$F(D) = 0$$

in der wir D als algebraische Größe auffassen, habe die n voneinander und von Null verschiedenen Wurzeln $a_1, a_2, a_3 \ldots a_n$, d. h.:

$$F(D) = (D - a_1)(D - a_2) \ldots (D - a_n)$$

und

(350) $$F(a_m) = 0 , \quad (m = 1, 2, \ldots n);$$

ferner führen wir die Bezeichnungen

$$F'(D) = \frac{dF(D)}{dD}$$

und

$$F'(a_m) = \left(\frac{dF(D)}{dD}\right)_{D = a_m} \qquad (m = 1, 2, \ldots n)$$

ein. Es gilt dann, wie in der Analysis gezeigt wird, die *Partial-*

bruchentwicklung

$$(351)\qquad \frac{f(D)}{F(D)} = \frac{f(0)}{F(0)} + \sum_{1}^{n}{}_m \frac{f(a_m)}{a_m F'(a_m)} \frac{D}{D - a_m},$$

die eine algebraische Identität darstellt. Setzt man nämlich $D = 0$, so ergibt sich zunächst $\frac{f(0)}{F(0)} = \frac{f(0)}{F(0)}$; multipliziert man Gl. (351) mit $F(D)$ und vollzieht den Grenzübergang $D \rightarrow a_i$, wo a_i eine der n-Wurzeln der Gleichung (350) bedeutet, so verschwinden alle Terme mit Ausnahme des i-ten, für den sich

$$\begin{aligned} f(a_i) &= \lim_{D \rightarrow a_i} \left\{ \frac{f(a_i)}{a_i \cdot F'(a_i)} D \frac{F(D)}{D - a_i} \right\} \\ &= \frac{f(a_i)}{F'(a_i)} \lim_{D \rightarrow a_i} \left\{ \frac{F(D) - F(a_i)}{D - a_i} \right\} = f(a_i) \end{aligned}$$

ergibt. Wenn D den Differentiationsoperator bedeutet, so ist (351) also ein *gebrochener rationaler Operator*, in welchem der Grad des Zählers gleich oder kleiner als der des Nenners ist, und seine Anwendung auf die Objektfunktion 1 ergibt dann die Resultatfunktion

$$(352)\qquad \frac{f(D)}{F(D)} = \frac{f(0)}{F(0)} + \sum_{1}^{n}{}_m \frac{f(a_m)}{a_m F'(a_m)} e^{a_m t},$$

da nach Gl. (318)

$$\frac{D}{D - a_m} = e^{a_m t}.$$

Die Gleichungen (351, 352) stellen den sog. *Entwicklungssatz* der Operatorenrechnung dar (Heavisides expansion theorem); die Gl. (351) ist die allgemeinere Form, die auch Anwendungen auf eine Objektfunktion $S(t) \neq 1$ erlaubt, wozu es notwendig ist, die Ausdrücke

$$\frac{D}{D - a_m} S(t) \; (m = 1, 2, 3 \ldots n)$$

zu realisieren (vgl. S. 79).

Im obigen Beispiel (347) ist:

$$\frac{f(0)}{F(0)} = 0,$$

$$F(D) = D^2 - k^2 = (D - k)(D + k),$$

$$a_1 = +k, \; a_2 = -k,$$

$$F'(D) = 2D, \; F'(a_1) = 2k, \; F'(a_2) = -2k$$

$$a_1 F'(a_1) = 2k^2, \quad a_2 F'(a_2) = 2k^2,$$
$$f(D) = a D^2 + b D,$$
$$f(a_1) = a k^2 + b k, \quad f(a_2) = a k^2 - b k,$$

und somit

$$\frac{a D^2 + b D}{D^2 - k^2} = 0 + \frac{a k^2 + b k}{2 k^2} e^{+kt} + \frac{a k^2 - b k}{2 k^2} e^{-kt}$$

d. h. nach Gl. (347):

$$\psi = a \operatorname{Cos}(k t) + \frac{b}{k} \operatorname{Sin}(k t). \tag{353}$$

Jedoch sollte dieses Beispiel hier nur zur Erläuterung des Entwicklungssatzes (351, 352) dienen, denn man hätte das Resultat (353) schneller aus der Form

$$\psi = a \frac{D^2}{D^2 - k^2} + b \frac{D}{D^2 - k^2}$$

von (347) mittels (322) und (323) erhalten.

4. Das DUHAMELsche Integral.

Die Anwendung des Entwicklungssatzes in der Form (351) auf eine Objektfunktion $S(t)$, die nicht den konstanten Wert 1 hat, erfordert die Realisierung von Operatorenausdrücken der Form

$$\frac{D}{D - a_m} S(t), \quad (m = 1, 2, 3 \ldots n)$$

für die wir eine Möglichkeit bereits auf S. 62 in der Entwicklung des Operators nach steigenden Potenzen von D kennengelernt haben. Eine andere Realisierungsmöglichkeit bietet das DUHAMELsche Integral[1], das allgemein für einen Operatorenausdruck

$$F(D)\, S(t)$$

die Resultatfunktion liefert, wenn für den Operatorenausdruck

$$F(D)\, 1 = F(D)$$

die Resultatfunktion $h(t)$ bekannt ist:

$$F(D) = h(t).$$

Wir nehmen an, daß der Operator $F(D)$ sich in eine Reihe nach fallenden Potenzen von D entwickeln läßt:

$$F(D) = c_0 + c_1 D^{-1} + c_2 D^{-2} + \ldots = \sum_{0}^{\infty}{}^{n}\, c_n D^{-n}, \tag{354}$$

so daß die Resultatfunktion $h(t) = F(D)\, 1$ sich nach Gl. (312)

[1] JEAN MARIE CONSTANT DUHAMEL, französischer Mathematiker, 1797 bis 1872.

in der Form

(355) $$h(t) = \sum_0^\infty {}^n c_n \frac{t^n}{n!}$$

ergibt. Wenden wir den Operator $F(D)$ auf die Objektfunktion $S(t)$ an:

(356) $$F(D)\ S(t) = \sum_0^\infty {}^n c_n D^{-n}\ S(t)\,,$$

und hierauf nochmals den Integrationsoperator D^{-1}, so resultiert

(357) $$D^{-1} F(D)\, S(t) = \sum_0^\infty {}^n c_n\, D^{-(n+1)}\, S(t)\,,$$

wobei zur Rechtfertigung der gliedweisen Integration auf der rechten Seite die gleichmäßige Konvergenz der Reihe (356) vorausgesetzt wurde. Ersetzen wir nun in der Gleichung (308):

$$D^{-n} f(t) = \frac{1}{(n-1)!}\int_0^t f(\zeta)\,(t-\zeta)^{n-1}\, d\zeta\,,$$

$f(t)$ durch $S(t)$ und n durch $n+1$, so erhalten wir

(358) $$D^{-(n+1)}\, S(t) = \int_0^t S(\zeta)\,\frac{(t-\zeta)^n}{n!}\, d\zeta\,,$$

und die Substitution von Gl. (358) in Gl. (357) liefert

(359) $$\left|\begin{aligned} D^{-1} F(D)\, S(t) &= \sum_0^\infty {}^n c_n \int_0^t S(\zeta)\,\frac{(t-\zeta)^n}{n!}\, d\zeta \\ &= \int_0^t d\zeta\, S(\zeta) \sum_0^\infty {}^n c_n \frac{(t-\zeta)^n}{n!}\,. \end{aligned}\right.$$

Nach Gl. (355) ist aber

$$\sum_0^\infty {}^n c_n \frac{(t-\zeta)^n}{n!} = h(t-\zeta)\,,$$

so daß Gl. (359) die Form

(360) $$D^{-1} F(D)\, S(t) = \int_0^t h(t-\zeta)\, S(\zeta)\, d\zeta$$

annimmt. Üben wir auf diese Gleichung die Operation $D = \dfrac{d}{dt}$ aus, so folgt das gesuchte Resultat:

(361) $$F(D)\, S(t) = \frac{d}{dt}\int_0^t h(t-\zeta)\, S(\zeta)\, d\zeta\,,$$

welches die Resultatfunktion von $F(D)\,S(t)$ in Form des DUHAMELschen Integrals darstellt. Die Lösung (361) kann noch durch die zwei gleichwertigen Formeln

$$F(D)\,S(t) = h(0)\,S(t) - \int_0^t S(\zeta)\,\frac{d}{d\zeta}h(t-\zeta)\,d\zeta \tag{362}$$

und

$$F(D)\,S(t) = h(t)\,S(0) + \int_0^t h(t-\zeta)\,\frac{d\,S(\zeta)}{d\zeta}\,d\zeta \tag{363}$$

dargestellt werden, deren erste man durch Ausführung der Differentiation

$$\frac{d}{dt}\int_0^t h(t-\zeta)\,S(\zeta)\,d\zeta = h(t-t)\,S(t) + \int_0^t \frac{d\,h(t-\zeta)}{dt}\,S(\zeta)\,d\zeta$$

mit Rücksicht auf

$$\frac{d}{dt}h(t-\zeta) = -\frac{d}{d\zeta}h(t-\zeta)$$

und $h(t-t) = h(0)$ erhält. Die Gl. (363) ergibt sich dann aus Gl. (362) durch partielle Integration.

Als Anwendungsbeispiel für das DUHAMELsche Integral betrachten wir die operatorenmäßige Lösung der inhomogenen linearen Differentialgleichung 1. Ordnung

$$\frac{d\psi}{dt} - a\,\psi = f(t)\,, \tag{364}$$

mit der Anfangsbedingung $\psi(0) = A$. Es folgt zunächst aus Gl. (364) durch einmalige Anwendung des Operators $\int_0^t dt = D^{-1}$:

$$\psi - a\,D^{-1}\psi = \psi(0) + D^{-1}f(t) = A + D^{-1}f(t)\,,$$

d. h.

$$(1 - a\,D^{-1})\,\psi = A + D^{-1}f(t)$$

mit der symbolischen Lösung

$$\left\{\begin{aligned} \psi &= A\,\frac{1}{1-a\,D^{-1}} + \frac{D^{-1}}{1-a\,D^{-1}}\,f(t) \\ &= A\,\frac{D}{D-a} + \frac{D^{-1}}{1-a\,D^{-1}}\,f(t)\,. \end{aligned}\right. \tag{365}$$

Der erste Term läßt sich nach Gl. (318) realisieren und liefert

$$A\,\frac{D}{D-a} = A\,e^{a\,t}\,, \tag{366}$$

d. h. das allgemeine Integral der zu (364) gehörigen *homogenen*

Gleichung. Den zweiten Term schreiben wir

$$(367)\quad \begin{cases} D^{-1}\dfrac{1}{1-a\,D^{-1}}f(t) = D^{-1}\cdot D\cdot\dfrac{1}{D}\cdot\dfrac{1}{1-a\,D^{-1}}f(t) \\ \qquad = D^{-1}\dfrac{D}{D-a}f(t)\,, \end{cases}$$

so daß er in der Form (360) mit

$$F(D) = \frac{D}{D-a}$$

erscheint. Nun ist

$$h(t) = e^{a\,t}$$

nach Gl. (318) die Resultatfunktion für $F(D)\,1 = \dfrac{D}{D-a}1$; dann ist ferner

$$h(t-\zeta) = e^{\,a(t-\zeta)}\,,$$

und nach Gl. (360):

$$(368)\qquad D^{-1}\frac{D}{D-a}f(t) = \int_0^t e^{\,a(t-\zeta)}f(\zeta)\,d\zeta = e^{at}\int_0^t e^{-a\zeta}f(\zeta)\,d\zeta\,,$$

somit ist nach (365), (366) und (368)

$$(369)\qquad \psi = A\,e^{a\,t} + e^{at}\int_0^t e^{-a\zeta}f(\zeta)\,d\zeta$$

das vollständige Integral der inhomogenen Gleichung (365).

Aus Gl. (368) ergibt sich durch Anwendung des Differentiationsoperators:

$$(370)\qquad \frac{D}{D-a}f(t) = \frac{d}{d\,t}\,e^{a\,t}\int_0^t e^{-a\zeta}f(\zeta)\,d\zeta\,,$$

wodurch die Anwendung der Partialbruchzerlegung (351) auf eine Objektfunktion $S(t)$ in folgender Weise realisierbar wird:

$$(371)\quad \begin{cases} \dfrac{f(D)}{F(D)}S(t) = \dfrac{f(0)}{F(0)}S(t) \\ \qquad + \displaystyle\sum_1^n{}_m\,\dfrac{f(a_m)}{a_m F'(a_m)}\,\dfrac{d}{dt}\left\{e^{\,a_m t}\int_0^t e^{-a_m\zeta}S(\zeta)\,d\zeta\right\}. \end{cases}$$

Ist $S(t) = 1$, so ergibt sich

$$e^{a_m t}\int_0^t e^{-a_m\zeta}\,d\zeta = \frac{e^{a_m t}}{a_m}\left(1-e^{-a_m t}\right) = \frac{e^{\,a_m t}-1}{a_m}\,,$$

und wegen

$$\frac{d}{d\,t}\left\{e^{a_m t}\int_0^t e^{-a_m \zeta}\, d\,\zeta\right\} = e^{a_m t}$$

kommt man auf Gleichung (352) zurück.

Ist die Objektfunktion $S(t)$ in Gl. (361) zugleich eine Resultatfunktion, die sich aus der Anwendung eines Operators $H(D)$ auf die Objektfunktion 1 ergibt:

$$H(D)\,1 = H(D) = S(t)\,,$$

so gilt nach Gl. (361):

$$F(D)\,H(D) = \frac{d}{d\,t}\int_0^t h(t-\zeta)\,S(\zeta)\,d\,\zeta\,. \tag{372}$$

Setzt man im rechtsstehenden Integral

$$t-\zeta = \xi\,,\quad d\,\zeta = -\,d\,\xi\,,$$

so erhält man die gleichwertige Darstellung:

$$F(D)\,H(D) = \frac{d}{d\,t}\int_0^t h(\xi)\,S(t-\xi)\,d\,\xi\,. \tag{373}$$

Ist also ein auf die Objektfunktion 1 wirkender Operator darstellbar in der Form $F(D)\,H(D)\,1 = F(D)\,H(D)$, und sind

$$F(D)\,1 = F(D) = h(t)$$

und

$$H(D)\,1 = H(D) = S(t)$$

die Resultatfunktionen für die Operatoren $F(D)$ und $H(D)$ allein, so ist $F(D)\,H(D)$ durch (372) bzw. (373) darstellbar, welches Ergebnis als *Multiplikationssatz* der Operatorenrechnung bezeichnet wird.

5. Das CARSONsche Integral.

Es liege beispielsweise die Differentialgleichung

$$\frac{d^2\psi}{d\,t^2} + a\,\frac{d\,\psi}{d\,t} + b\,\psi = 0 \tag{374}$$

vor mit gegebenen Anfangsbedingungen $\psi(0)$ und $\psi'(0)$. Die operatorenmäßige Lösung erhalten wir durch zweimalige Integration:

$$\frac{d\,\psi}{d\,t} + a\,\psi + b\,D^{-1}\psi = \psi'(0) + a\,\psi(0)\,,$$

$$\psi + a\,D^{-1}\psi + b\,D^{-2}\psi = \psi'(0)\,D^{-1} + a\,\psi(0)\,D^{-1} + \psi(0)\,,$$

und folgende Umformungen:

$$(1 + a\,D^{-1} + b\,D^{-2})\,\psi = [\psi'(0) + a\,\psi(0)]\,D^{-1} + \psi(0)\,,$$

$$\psi = \frac{\psi(0) + [a\,\psi(0) + \psi'(0)]\,D^{-1}}{1 + a\,D^{-1} + b\,D^{-2}}\,;$$

d. h.

$$\psi = \frac{\psi(0)\,D^2 + [a\,\psi(0) + \psi'(0)]\,D}{D^2 + a\,D + b} = h(t)\,, \tag{375}$$

worin $h(t)$ die sich aus dem vorstehenden Operator ergebende Resultatfunktion bedeutet.

Nunmehr betrachten wir das eine *Funktionaltransformation* vermittelnde LAPLACEsche Integral

$$F(D) = D\int_0^\infty e^{-\lambda D}\,h(\lambda)\,d\lambda\,, \tag{376}$$

in welchem $h(\lambda)$ nach (375) eine der Differentialgleichung (374), d. h.

$$h''(\lambda) + a\,h'(\lambda) + b\,h(\lambda) = 0\,, \tag{377}$$

mit den Anfangsbedingungen

$$h(0) = \psi(0)\,,\quad h'(0) = \psi'(0) \tag{378}$$

genügende Funktion darstellen soll und $F(D)$ eine gleich näher zu bestimmende Funktion des positiven „Parameters" D bedeutet. Partielle Integration der Gleichung (376) ergibt, wenn $\lim\limits_{\lambda\to\infty} e^{-\lambda D}\,h(\lambda) = 0$,

$$F(0) = h(0) + \int_0^\infty e^{-\lambda D}\,h'(\lambda)\,d\lambda\,,$$

woraus (durch Multiplikation mit D)

$$D\,F(D) = h(0)\,D + D\int_0^\infty e^{-\lambda D}\,h'(\lambda)\,d\lambda \tag{379}$$

folgt. Nochmalige partielle Integration führt auf

$$D\,F(D) = h(0)\,D + h'(0) + \int_0^\infty e^{-\lambda D}\,h''(\lambda)\,d\lambda\,,$$

wenn $\lim\limits_{\lambda\to\infty} e^{-\lambda D}\,h'(\lambda) = 0$, woraus sich nach Multiplikation mit D

$$D^2\,F(D) = h(0)\,D^2 + h'(0)\,D + D\int_0^\infty e^{-\lambda D}\,h''(\lambda)\,d\lambda \tag{380}$$

ergibt. Nunmehr bilden wir durch Multiplikation von Gl. (376)

mit b, sowie von Gl. (379) mit a und Addition der so behandelten Gleichungen zu Gl. (380):

$$(D^2 + a\,D + b)\,F\,(D) = h\,(0)\,D^2 + [a\,h\,(0) + h'\,(0)]\,D$$
$$+ \int_0^\infty e^{-\lambda D} \{h''\,(\lambda) + a\,h'\,(\lambda) + b\,h\,(\lambda)\}\,d\lambda\,,$$

in welcher Gleichung aber das Integral wegen (377) verschwindet, so daß

$$F\,(D) = \frac{h\,(0)\,D^2 + [a\,h\,(0) + h'\,(0)]\,D}{D^2 + a\,D + b}\,,$$

oder wegen Gl. (378)

$$F\,(D) = \frac{\psi\,(0)\,D^2 + [a\,\psi\,(0) + \psi'\,(0)]\,D}{D^2 + a\,D + b} \tag{381}$$

resultiert. Der Vergleich von (381) mit (375) ergibt:

$$F\,(D) = h\,(t)\,,$$

d. h. *zur Resultatfunktion* $h\,(t)$ *gehört der* (auf 1 einwirkende) *Operator* $F\,(D)$, *der sich durch das Integral* (376) *ergibt*, das in diesem Zusammenhang als Carsonsches Integral[1] bezeichnet wird. Oder anders ausgedrückt: *Die Realisierung des Operators* $F\,(D) = F\,(D)\,1$ *ist äquivalent mit der Bestimmung der Resultatfunktion* $h\,(t)$ *aus der Integralgleichung* (376). Der hier am Beispiel einer Differentialgleichung 2. Ordnung geführte Beweis kann leicht mit Hilfe der durch partielle Integration aus Gl. (376) folgenden Gleichungen ($n = 1, 2, 3 \ldots$)

$$\left|\begin{aligned} D^n\,F\,(D) &= D^n\,h\,(0) + D^{n-1}\,h'\,(0) + D^{n-2}\,h''\,(0) \\ &\quad + \ldots D\,h^{(n-1)}\,(0) + D \int_0^\infty e^{-\lambda D}\,h^{(n)}\,(\lambda)\,d\lambda \end{aligned}\right. \tag{382}$$

auf lineare Differentialgleichungen beliebig hoher Ordnung mit konstanten Koeffizienten erweitert werden.

Das Carsonsche Integral bildet ein wichtiges Hilfsmittel der Operatorenrechnung (vgl. S. 88). Die von uns bisher betrachteten, auf die Objektfunktion 1 einwirkenden Operatoren hätten auch sämtlich mit Hilfe des Carsonschen Integrals realisiert werden können. Es gilt beispielsweise, D und a als Parameter aufgefaßt ($D + a > 0$):

$$\int_0^\infty e^{-(D+a)\lambda}\,d\lambda = \frac{1}{D+a}\,,$$

[1] John Renshaw Carson, amerikanischer Elektroingenieur, geb. 1887.

also

$$D\int_0^\infty e^{-D\lambda}(e^{-a\lambda})\,d\lambda = \frac{D}{D+a}.$$

Der Vergleich mit Gl. (376) liefert

$$F(D) = \frac{D}{D+a},\quad h(\lambda) = e^{-a\lambda},$$

d. h. es gilt gemäß

$$F(D)\,1 = F(D) = h(t)$$

die folgende Realisierung:

$$\frac{D}{D+a} = e^{-a t}$$

in Übereinstimmung mit Gl. (319). Ein anderes Beispiel liefert das Integral ($D > 0$)

$$\int_0^\infty e^{-D\lambda}\cos(a\lambda)\,d\lambda = \frac{D}{D^2+a^2}.$$

Es ist dann

$$D\int_0^\infty e^{-D\lambda}\cos(a\lambda)\,d\lambda = \frac{D^2}{D^2+a^2},$$

und hier liefert der Vergleich mit Gl. (376):

$$F(D) = \frac{D^2}{D^2+a^2},\quad h(\lambda) = \cos(a\lambda),$$

d. h. es gilt gemäß

$$F(D)\,1 = F(D) = h(t)$$

die folgende Realisierung

$$\frac{D^2}{D^2+a^2} = \cos(a t),$$

in Übereinstimmung mit Gl. (328).

Ersetzt man im CARSONschen Integral (376) D durch $k\,D$ und λ durch λ/k (k = positive Konstante), so resultiert

$$F(k\,D) = D\int_0^\infty e^{-\lambda D}\,h\left(\frac{\lambda}{k}\right)d\lambda, \tag{383}$$

d. h. hat der auf die Objektfunktion 1 angewandte Operator $F(D)$ die Resultatfunktion $h(t)$, so ergibt die entsprechende Anwendung des Operators $F(k\,D)$ die Resultatfunktion $h(t/k)$:

$$F(k\,D)\,1 = F(k\,D) = h(t/k), \tag{384}$$

welche Beziehung als *Ähnlichkeitssatz* der Operatorenrechnung bezeichnet wird. Er findet in physikalischen und geophysikalischen Aufgaben Anwendung zur Elimination unbequemer Konstanten durch Transformation der Koordinatenmaßstäbe bzw. des Zeitmaßstabes.

6. Exponentialoperatoren.

Die bisher betrachteten Operatoren waren sämtlich *rationale* Operatoren; gewisse Aufgaben führen jedoch auch auf nicht rationale Operatorenausdrücke, von denen wir hier die *Exponentialoperatoren* $e^{-\frac{1}{D}}$ sowie e^{-D}, und im nächsten Kapitel die *singulären Operatoren* $\sqrt{D}, D^{-\frac{1}{2}}$ usw. sowie Kombinationen derselben mit Exponentialoperatoren betrachten wollen.

Nehmen wir an, der Operator $e^{-\frac{1}{D}}$ wirke auf die Objektfunktion 1 ein:

$$F(D)\,1 = F(D) = e^{-\frac{1}{D}},$$

so erhalten wir durch Entwicklung von $e^{-\frac{1}{D}}$ nach fallenden Potenzen von D gemäß Gl. (311):

$$e^{-\frac{1}{D}} = 1 - \frac{D^{-1}}{1!} + \frac{D^{-2}}{2!} - \dots = \sum_0^\infty{}^n (-)^n \frac{1}{n!} D^{-n},$$

und die Realisierung jenes Terms nach Gl. (310) ergibt die für alle Werte von t konvergente Reihe

$$(385) \qquad e^{-\frac{1}{D}} = 1 - \frac{t}{(1!)^2} + \frac{t^2}{(2!)^2} - \dots = \sum_0^\infty{}^n (-)^n \frac{t^n}{(n!)^2}.$$

Vergleichen wir diese Reihe mit der Reihenentwicklung der Besselschen[1] Zylinderfunktion 0-ter Ordnung:

$$(386) \qquad J_0(x) = 1 - \frac{x^2}{2^2(1!)^2} + \frac{x^4}{2^4(2!)^2} - \dots = \sum_0^\infty (-)^n \frac{x^{2n}}{2^{2n}(n!)^2}$$

so ergibt sich $x = 2\sqrt{t}$ und damit

$$(387) \qquad e^{-\frac{1}{D}} = J_0(2\sqrt{t}).$$

Unter Verwendung des Ähnlichkeitssatzes (384) erhält man daraus die allgemeinere Formel (a = positiver Parameter $= 1/k$)

$$(388) \qquad e^{-\frac{a}{D}} = J_0(2\sqrt{at}).$$

[1] Friedrich Wilhelm Bessel, deutscher Astronom, 1784—1846.

Zwischen $J_0(x)$ und der BESSELschen Zylinderfunktion 1. Ordnung $J_1(x)$ besteht der Zusammenhang

$$J_1(x) = -\frac{d\,J_0(x)}{d\,x} \tag{389}$$

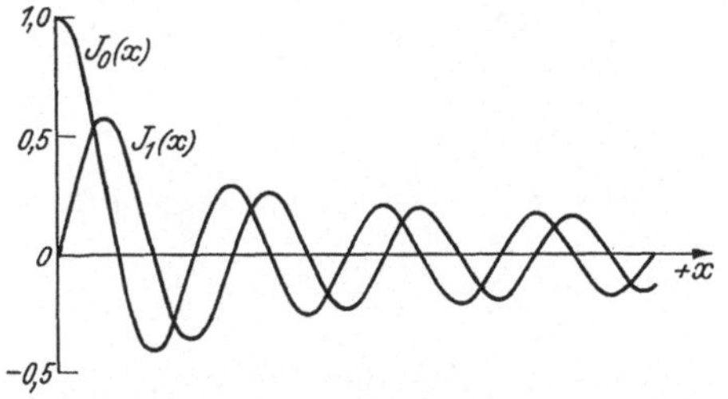

Abb. 4. Die BESSELschen Zylinderfunktionen $J_0(x)$ und $J_1(x)$.

Differentiiert man Gl. (388) nach dem Parameter a und beachtet, daß

$$\frac{\partial J_0(2\sqrt{at})}{\partial a} = \frac{d\,J_0(2\sqrt{at})}{d(2\sqrt{at})} \cdot \frac{\partial(2\sqrt{at})}{\partial a}$$

in Verbindung mit Gl. (389)

$$\frac{\partial J_0(2\sqrt{at})}{\partial a} = -J_1(2\sqrt{at}) \cdot \sqrt{\frac{t}{a}}$$

ergibt, so resultiert:

$$\frac{1}{D} e^{-\frac{1}{D}} = \sqrt{\frac{t}{a}}\, J_1(2\sqrt{at}), \tag{390}$$

welche Formel sich später als nützlich erweisen wird.

Ist die Objektfunktion $f(t)$ mit den n ersten Ableitungen im Intervall $(t, t + a)$ eindeutig und stetig, so gilt die TAYLORsche Formel[1]

$$\left\{\begin{aligned} f(t+a) &= f(t) + f'(t)\frac{a}{1!} + f''(t)\frac{a^2}{2!} \\ &\quad + \ldots f^{(n-1)}(t)\frac{a^{(n-1)}}{(n-1)!} + R_n \end{aligned}\right. \tag{391}$$

mit dem Restglied $R_n = f^{(n)}(t + \vartheta a)\frac{a^n}{n!}$, worin ϑ eine im allgemeinen nicht näher bestimmbare Zahl des Intervalls $0 < \vartheta < 1$ ist. Im folgenden wollen wir annehmen, daß $f(t)$ beliebig oft

[1] BROOK TAYLOR, englischer Mathematiker, 1685—1731.

differentiierbar ist; gilt dazu $\lim_{n\to\infty} R_n = 0$, so erhält man aus Gl. (391) die TAYLORsche Reihe

$$(392)\quad \begin{cases} f(t+a) = f(t) + \frac{a}{1!} f'(t) + \frac{a^2}{2!} f''(t) + \cdots \\ \quad = \sum_0^\infty {}_n \frac{a^n}{n!} f^{(n)}(t), \end{cases}$$

deren Operatorenschreibweise

$$(393)\quad \begin{cases} f(t+a) = f(t) + \frac{a\,D}{1!} f(t) + \frac{a^2 D^2}{2!} f(t) + \cdots \\ \quad = \sum_0^\infty {}_n \frac{a^n D^n}{n!} f(t) \end{cases}$$

als Anwendung des nach steigenden Potenzen von D entwickelten Operators

$$e^{a\,D} = 1 + \frac{a\,D}{1!} + \frac{a^2 D^2}{2!} + \cdots = \sum_0^\infty {}_n \frac{a^n D^n}{n!}$$

auf die beliebig oft differentiierbare Objektfunktion $f(t)$ aufgefaßt werden kann:

$$(394)\qquad e^{a\,D} f(t) = f(t+a)\,.$$

Unter den gleichen Voraussetzungen für die Objektfunktion $f(t)$ gilt

$$(395)\qquad e^{-a\,D} f(t) = f(t-a)\,,$$

welche Beziehungen auch auf folgende Weise zu erhalten sind: Das Ergebnis von

$$e^{-a\,D} f(t)$$

wird eine von t und dem Parameter a abhängige Resultatfunktion $H(t, a)$ sein, also

$$(396)\qquad e^{-a\,D} f(t) = H(t, a)\,.$$

Unter der Annahme, daß wir den Operator $e^{-a\,D}$ nach dem Parameter a differentiieren dürfen, erhalten wir

$$\frac{\partial H(t,a)}{\partial a} = -D\,e^{-a\,D} f(t) = -\frac{\partial}{\partial t} e^{-a\,D} f(t) = -\frac{\partial H(t,a)}{\partial t}\,,$$

d. h.

$$(397)\qquad \frac{\partial H}{\partial a} + \frac{\partial H}{\partial t} = 0\,,$$

welche Differentialgleichung das allgemeine Integral

$$(398)\qquad H(t, a) = \Phi(t-a)$$

mit der willkürlichen, einmal stetig differentiierbaren Funktion Φ besitzt (vgl. S. 15). Aus Gl. (396) folgt für $a = 0$:

$$H(t, 0) = f(t),$$

also aus Gl. (398):

$$\Phi(t) = f(t),$$

und somit gilt

$$H(t, a) = f(t - a),$$

woraus sich in Verbindung mit (396) die Gleichung (395) ergibt.

Wenn die für die Objektfunktion $f(t)$ angenommenen Voraussetzungen nicht zutreffen, indem beispielsweise $f(t) = 0$ ist für alle $t < 0$, so gilt, wie sich mit Hilfe des CARSONschen Integrals zeigen läßt, Gleichung (395) in der Form:

$$e^{-aD} f(t) = \begin{cases} f(t-a), & \text{für } t > a, \\ 0, & \text{,, } t < a. \end{cases} \tag{399}$$

Als Anwendungsbeispiel für den Exponentialoperator e^{-aD} betrachten wir die operatorenmäßige Lösung der Differentialgleichung (56) mit der Anfangsbedingung (57):

$$\frac{\partial \psi}{\partial t} + c \frac{\partial \psi}{\partial x} = 0, \quad \psi(x, 0) = f(x),$$

wobei für die Anfangsbedingung $f(x)$ die für die Objektfunktion in Gl. (395) notwendigen Voraussetzungen erfüllt sein mögen. Einmalige Anwendung des Operators $\int_0^t dt = D_t^{-1}$ also des zum partiellen Differentialoperator $D_t = \frac{\partial}{\partial t}$ (vgl. S. 60) inversen Operators ergibt:

$$\psi - \psi(x, 0) + D_t^{-1} c \frac{\partial \psi}{\partial x} = 0,$$

oder bei Verwendung des Operators $D_x = \frac{\partial}{\partial x}$:

$$\psi + c D_t^{-1} D_x \psi = \psi(x, 0) = f(x),$$

d. h.

$$(1 + c D_t^{-1} D_x)\psi = f(x),$$

mit der symbolischen Lösung

$$\psi = \frac{1}{1 + c D_t^{-1} D_x} f(x),$$

bzw.

$$\psi = \frac{D_t}{D_t + c D_x} f(x).$$

Setzen wir hier $c\,D_x = a$, so kann in der symbolischen Lösung

$$\psi = \frac{D_t}{D_t + a} f(x) \tag{400}$$

der Operator

$$\frac{D_t}{D_t + a}$$

gemäß (319) realisiert werden:

$$\frac{D_t}{D_t + a} = e^{-a\,t} = e^{-c\,t\,D_x},$$

so daß aus Gleichung (400)

$$\psi = e^{-c\,t\,D_x} f(x)$$

und damit nach Gleichung (395)

$$\psi = f(x - c\,t)$$

folgt, in Übereinstimmung mit Gleichung (59).

7. Singuläre Operatoren.

Zwecks Realisierung des *singulären Operators* $\sqrt{D} = D^{1/2}$ substituieren wir in dem bestimmten Integral

$$\frac{1}{2}\sqrt{\pi} = \int_0^\infty e^{-\mu^2}\,d\mu \tag{401}$$

eine neue Variable λ durch $\mu = \sqrt{\lambda\,D}$ mit dem Parameter D:

$$\frac{1}{2}\sqrt{\pi} = \int_0^\infty e^{-\lambda\,D}\,\frac{1}{2}\sqrt{\frac{D}{\lambda}}\,d\lambda,$$

woraus durch Multiplikation mit $2\sqrt{\frac{D}{\pi}}$

$$\sqrt{D} = D\int_0^\infty e^{-\lambda\,D}\left\{\frac{1}{\sqrt{\pi\,\lambda}}\right\}d\lambda \tag{402}$$

folgt. Wird D als Differentialoperator aufgefaßt, so stellt (402) das CARSONsche Integral für den singulären Operator $F(D) = \sqrt{D}$ dar, und der Vergleich mit (376) liefert die zum Operator $F(D)\,1 = F(D)$ gehörende Resultatfunktion $h(\lambda) = \frac{1}{\sqrt{\pi\,\lambda}}$, so daß zufolge der Äquivalenz des CARSONschen Integrals (376) mit

$F(D)\,1 = F(D) = h(t)$ die Realisierung des singulären Operators $\sqrt{D}$ durch

$$\sqrt{D} = \frac{1}{\sqrt{\pi\, t}} \tag{403}$$

gegeben ist.

Der Beweis für die Realisierung (403) ist auch noch in anderer Weise zu führen. Betrachten wir z. B. das unbestimmte Integral

$$\int \frac{d\,x}{1+x^2} = \operatorname{arctg}(x) + C\,,$$

aus dem wegen $\operatorname{arctg}(\infty) = \pi/2$ und $\operatorname{arctg}(0) = 0$ das bestimmte Integral

$$\int\limits_0^\infty \frac{d\,x}{1+x^2} = \frac{\pi}{2}$$

folgt, woraus durch die Substitution $x = y/\sqrt{D}$

$$\sqrt{D} = \frac{2}{\pi} \int\limits_0^\infty \frac{D}{D+y^2}\, d\,y$$

resultiert.

Wird D als Differentialoperator $D = \frac{d}{d\,t}$ aufgefaßt, so ergibt die Realisierung von $\frac{D}{D+y^2}$ nach Gl. (319):

$$\frac{D}{D+y^2} = e^{-y^2 t}\,,$$

so daß $\sqrt{D}$ nunmehr durch Auswertung des Integrals

$$\sqrt{D} = \frac{2}{\pi} \int\limits_0^\infty e^{-y^2 t}\, d\,y$$

realisiert werden kann. Die Substitution $y = \mu/\sqrt{t}$ führt das Integral auf

$$\sqrt{D} = \frac{2}{\pi\sqrt{t}} \int\limits_0^\infty e^{-\mu^2}\, d\,\mu$$

zurück und damit ergibt sich nach (401)

$$\sqrt{D} = \frac{2}{\pi\sqrt{t}} \cdot \frac{1}{2}\sqrt{\pi} = \frac{1}{\sqrt{\pi\, t}}$$

in Übereinstimmung mit Gleichung (403).

Aus (403) erhalten wir durch linksseitige Anwendung des Integrationsoperators D^{-1}·

$$D^{-1}\sqrt{D} = D^{-\frac{1}{2}} = \frac{1}{\sqrt{\pi}}\int_0^t \frac{dt}{\sqrt{t}},$$

d. h.

$$\frac{1}{\sqrt{D}} = \frac{2}{\sqrt{\pi}}\sqrt{t}. \tag{404}$$

Ein anderer wichtiger Operator, nämlich $\sqrt{D}\,e^{-\sqrt{D}}$, kann durch Anwendung des bestimmten Integrals

$$e^{-2q} = \frac{2}{\sqrt{\pi}}\int_0^\infty e^{-\alpha^2 - \frac{q^2}{\alpha^2}}\,d\alpha, \tag{405}$$

(q = positiver Parameter) realisiert werden. Mit $2q = \sqrt{D}$ erhält man aus Gl. (405) zunächst:

$$e^{-\sqrt{D}} = \frac{2}{\sqrt{\pi}}\int_0^\infty e^{-\alpha^2 - \frac{D}{4\alpha^2}}\,d\alpha,$$

welches Integral durch die Substitution $\alpha = \sqrt{\lambda D}$, den Operator $D\left(=\frac{d}{dt}\right)$ als positiven Parameter aufgefaßt, in

$$e^{-\sqrt{D}} = \sqrt{D}\int_0^\infty e^{-\lambda D}\left\{\frac{e^{-\frac{1}{4\lambda}}}{\sqrt{\pi\lambda}}\right\}d\lambda$$

übergeht, woraus sich durch Multiplikation mit $\sqrt{D}$ das Carsonsche Integral

$$\sqrt{D}\,e^{-\sqrt{D}} = D\int_0^\infty e^{-\lambda D}\left\{\frac{e^{-\frac{1}{4\lambda}}}{\sqrt{\pi\lambda}}\right\}d\lambda$$

für den Operator

$$\sqrt{D}\,e^{-\sqrt{D}}\,1 = D\,e^{-\sqrt{D}}$$

mit der Resultatfunktion $h(\lambda) = \frac{e^{-\frac{1}{4\lambda}}}{\sqrt{\pi\lambda}}$ ergibt. Es gilt somit die Realisierung

$$\sqrt{D}\,e^{-\sqrt{D}} = \frac{e^{-\frac{1}{4t}}}{\sqrt{\pi t}}. \tag{406}$$

Ersetzt man darin D durch $a^2 D$ (a = positive Konstante), so ergibt der Ähnlichkeitssatz (384) mit $k = a^2$ die Realisierung des allgemeineren Operators

$$\sqrt{D}\, e^{-a\sqrt{D}} = \frac{e^{-\frac{a^2}{4t}}}{\sqrt{\pi t}} \tag{407}$$

eine Gleichung, die in der Theorie der Ausgleichsvorgänge auftritt.

Schließlich sei noch bemerkt, daß aus Gl. (403) bzw. (404) durch Anwendung der Grundoperatoren D bzw. D^{-1} weitere Operatoren realisiert werden können, z. B.

$$D^{3/2} = D\sqrt{D} = -\frac{1}{2\sqrt{\pi}} t^{-3/2},$$

$$D^{-3/2} = D^{-1}\frac{1}{\sqrt{D}} = \frac{4}{3\sqrt{\pi}} t^{3/2},$$

usw.

8. Realisierung und Transformation von Operatoren durch bestimmte Integrale. ABELsche Integralgleichung.

Die Aufgabe, einen (auf 1 angewandten) Operator von der Form $F(\sqrt{D})$ zu realisieren, kann auf die Realisierung des Operators $F(D)\,1$ wie folgt zurückgeführt werden: Es sei

$$F(D) = h(t),$$

also $h(t)$ die Resultatfunktion des Operatorenausdrucks $F(D)\,1$. In dem entsprechenden CARSONschen Integral

$$f(D) = D\int_0^\infty e^{-\lambda D} h(\lambda)\, d\lambda$$

ersetzen wir D durch $\sqrt{D}$:

$$F(\sqrt{D}) = \int_0^\infty \sqrt{D}\, e^{-\lambda\sqrt{D}} h(\lambda)\, d\lambda. \tag{408}$$

Nun ist nach Gl. (407):

$$\sqrt{D}\, e^{-\lambda\sqrt{D}} = \frac{e^{-\frac{\lambda^2}{4t}}}{\sqrt{\pi t}},$$

und somit ergibt Gl. (408):

$$F(\sqrt{D}) = \frac{1}{\sqrt{\pi t}}\int_0^\infty e^{-\frac{\lambda^2}{4t}} h(\lambda)\, d\lambda, \tag{409}$$

womit die Aufgabe gelöst ist.

Es sei beispielsweise

$$F(D) = \frac{1}{D},$$

also nach Gl. (310)

$$h(t) = t, \quad h(\lambda) = \lambda.$$

Zu realisieren sei

$$F(\sqrt{D}) = \frac{1}{\sqrt{D}}.$$

Nach Gl. (409) ist

$$\frac{1}{\sqrt{D}} = \frac{1}{\sqrt{\pi t}} \int_0^\infty e^{-\frac{\lambda^2}{4t}} \lambda \, d\lambda.$$

Substituieren wir $\zeta = \lambda^2/4t$, $2t\,d\zeta = \lambda\,d\lambda$, so ergibt sich

$$\frac{1}{\sqrt{D}} = \frac{2}{\sqrt{\pi}} \sqrt{t} \int_0^\infty e^{-\zeta} d\zeta = \frac{2}{\sqrt{\pi}} \sqrt{t},$$

in Übereinstimmung mit Gl. (404).

Es sei jetzt ein Operator von der Form $F\left(\frac{1}{D}\right)$ zu realisieren; ist

$$F(D) = h(t),$$

also $h(t)$ die Resultatfunktion des auf 1 angewandten Operators $F(D)$, so ersetzen wir im zugehörigen Carsonschen Integral

$$F(D) = D \int_0^\infty e^{-\lambda D} h(\lambda) \, d\lambda$$

D durch $\frac{1}{D}$:

$$F\left(\frac{1}{D}\right) = \int_0^\infty \frac{1}{D} e^{-\frac{\lambda}{D}} h(\lambda) \, d\lambda. \tag{410}$$

Nach Gl. (390) ist nun

$$\frac{1}{D} e^{-\frac{\lambda}{D}} = \sqrt{\frac{t}{\lambda}} J_1(2\sqrt{\lambda t}),$$

worin J_1 die Besselsche Zylinderfunktion 1. Ordnung bedeutet. Somit ergibt sich nach Gl. (410):

$$F\left(\frac{1}{D}\right) = \sqrt{t} \int_0^\infty J_1(2\sqrt{\lambda t}) \frac{h(\lambda)}{\sqrt{\lambda}} \, d\lambda \tag{411}$$

als Lösung der gestellten Aufgabe.

Es sei z. B. gemäß Gl. (404)

$$F(D) = \frac{1}{\sqrt{D}} = \frac{2}{\sqrt{\pi}} \sqrt{t} = h(t)$$

bekannt, gesucht wird die Realisierung von

$$F\left(\frac{1}{D}\right) = \sqrt{D}\,.$$

Nach Gl. (411) ist wegen $h(\lambda) = \frac{2}{\sqrt{\pi}} \sqrt{\lambda}$:

$$\sqrt{D} = 2\sqrt{\frac{t}{\pi}} \int_0^\infty J_1(2\sqrt{\lambda t})\, d\lambda$$

Substituiert man hierin $\lambda = \zeta^2$, $d\lambda = 2\zeta\, d\zeta$, so resultiert

$$\sqrt{D} = 4\sqrt{\frac{t}{\pi}} \int_0^\infty J_1(2\sqrt{t}\,\zeta)\,\zeta\, d\zeta\,.$$

In der Theorie der Zylinderfunktionen wird gezeigt, daß das Integral den Wert $1/4\,t$ besitzt, so daß sich in Übereinstimmung mit Gl. (403) $\sqrt{D} = \frac{1}{\sqrt{\pi t}}$ ergibt.

Die Theorie der Wärmeleitung führt auf einen Operator von der Form

$$e^{k D^2}, \quad (k > 0) \tag{412}$$

wie folgendes Beispiel zeigt: Es sei die Differentialgleichung der Wärmeleitung (257)

$$\frac{\partial T}{\partial t} - a^2 \frac{\partial^2 T}{\partial x^2} = 0 \quad (-\infty \leq x \leq +\infty)$$

für einen unbegrenzten linearen Leiter zu integrieren unter Berücksichtigung der Anfangsbedingung $T(x, 0) = f(x)$. Man erhält zunächst aus der Differentialgleichung durch linksseitige Anwendung des Operators $\int_0^t dt = D_t^{-1}$:

$$T - T(x, 0) - a^2 D_t^{-1} D_x^2\, T = 0$$

$\left(D_x = \frac{\partial}{\partial x}\right)$ oder

$$(1 - a^2 D_t^{-1} D_x^2)\, T = f(x)\,,$$

mit der symbolischen Lösung

$$T = \frac{1}{1 - a^2 D_t^{-1} D_x^2} f(x) = \frac{D_t}{D_t - a^2 D_x^2} f(x)\,. \tag{413}$$

Der Operator

$$\frac{D_t}{D_t - a^2 D_x^2}$$

kann hinsichtlich der Variablen t durch (318) realisiert werden:

$$\frac{D_t}{D_t - a^2 D_x^2} = e^{t a^2 D_x^2},$$

so daß die symbolische Lösung (413) nun

(414) $$T = e^{a^2 t D_x^2} f(x)$$

geschrieben werden kann, worin ein Operator von der Form (412) mit $k = a^2 t > 0$ auftritt, der auf die Anfangsbedingung $f(x)$ (= anfängliche Temperaturverteilung) auszuüben ist.

Zur Transformation dieses Operators auf einen bereits realisierten Operator substituieren wir in dem bestimmten Integral

$$\sqrt{\pi} = \int_{-\infty}^{+\infty} e^{-\mu^2} d\mu$$

$\mu = \lambda + \alpha$, wobei α ein reeller Parameter sein soll; wir erhalten:

$$\sqrt{\pi} = \int_{-\infty}^{+\infty} e^{-\lambda^2 - 2\alpha\lambda - \alpha^2} d\lambda,$$

oder

$$e^{\alpha^2} = \frac{1}{\sqrt{\pi}} \int_{-\infty}^{+\infty} e^{-\lambda^2 - 2\alpha\lambda} d\lambda.$$

Setzen wir $\alpha = a\sqrt{t}\, D_x$, also

(415) $$e^{a^2 t D_x^2} = \frac{1}{\sqrt{\pi}} \int_{-\infty}^{+\infty} e^{-\lambda^2 - 2\lambda a \sqrt{t} D_x} d\lambda,$$

üben diesen Operator auf $f(x)$ aus und beachten, daß gemäß Gleichung (395)

$$e^{-2\lambda a \sqrt{t} D_x} f(x) = f(x - 2a\lambda\sqrt{t}),$$

so resultiert aus (414) und (415):

(416) $$T = \frac{1}{\sqrt{\pi}} \int_{-\infty}^{+\infty} e^{-\lambda^2} f(x - 2a\lambda\sqrt{t})\, d\lambda,$$

eine aus der Theorie der Wärmeleitung bekannte Lösung.

Wir betrachten abschließend noch den für ein geophysikalisches Problem wichtigen Spezialfall $n = \frac{1}{2}$ der ABELschen *Integralgleichung*[1]

$$f(t) = \int_0^t \frac{\psi(\lambda)}{(t-\lambda)^n}\, d\lambda, \qquad (0 < n < 1)$$

also die Integralgleichung

(417) $$f(t) = \int_0^t \frac{\psi(\lambda)}{\sqrt{t-\lambda}}\, d\lambda,$$

in der $f(t)$ eine vorgegebene und $\psi(\lambda)$ die gesuchte Funktion bedeutet.

Nach Gl. (403) ist

$$\sqrt{D} = \frac{1}{\sqrt{\pi t}} = h(t),$$

dann ist

(418) $$\sqrt{D}\,\psi(t) = \frac{d}{dt}\int_0^t \frac{\psi(\lambda)}{\sqrt{\pi(t-\lambda)}}\, d\lambda$$

die Realisierung des auf $\psi(t)$ einwirkenden Operators $\sqrt{D}$ auf Grund des DUHAMELschen Integrals (361), und die der linksseitigen Einwirkung des Operators $D = \frac{d}{dt}$ unterworfene Gleichung (417) lautet also in Operatorenschreibweise:

$$D f(t) = \sqrt{\pi}\,\sqrt{D}\,\psi(t),$$

woraus für $\psi(t)$ sofort die symbolische Lösung

(419) $$\psi(t) = \frac{1}{\sqrt{\pi}}\sqrt{D} f(t)$$

folgt. Die Anwendung des DUHAMELschen Integrals ergibt die Realisierung des Operatorenausdrucks auf der rechten Seite von Gleichung (419) in der Form

$$\sqrt{D} f(t) = \frac{d}{dt}\int_0^t \frac{f(\lambda)}{\sqrt{\pi(t-\lambda)}}\, d\lambda,$$

die man auch sofort aus (418) durch Vertauschung von $\psi(t)$ mit $f(t)$ erhält, so daß die Substitution der vorstehenden Gleichung in (419) auf

(420) $$\psi(t) = \frac{1}{\pi}\frac{d}{dt}\int_0^t \frac{f(\lambda)}{\sqrt{t-\lambda}}\, d\lambda$$

[1] NIELS HENRIK ABEL, norwegischer Mathematiker, 1802—1829.

führt, welche Gleichung die Auflösung der ABELschen Integralgleichung für $n = \frac{1}{2}$ darstellt. Die Lösung der z. B. in der Theorie des Erdbebenstrahls auftretenden Form

$$f(t) = \int_{\tau}^{t} \frac{\psi(\lambda)}{\sqrt{t-\lambda}}\, d\lambda$$

der ABELschen Integralgleichung mit $\tau \neq 0$ als unterer Grenze des Integrals kann auf die Lösung (420) durch die Substitution $\lambda = \zeta + \tau$ zurückgeführt werden; man erhält zunächst

$$f(t) = \int_{0}^{t-\tau} \frac{\psi(\zeta+\tau)}{\sqrt{(t-\tau)-\zeta}}\, d\zeta\,,$$

oder

$$f(t+\tau) = \int_{0}^{t} \frac{\psi(\zeta+\tau)}{\sqrt{t-\zeta}}\, d\zeta\,,$$

welche Gleichung von der Form (417) ist und nach Gleichung (420) durch

$$\psi(t+\tau) = \frac{1}{\pi}\frac{d}{dt}\int_{0}^{t} \frac{f(\zeta+\tau)}{\sqrt{t-\zeta}}\, d\zeta\,,$$

gelöst wird. Setzt man hierin $\zeta + \tau = \lambda$, so folgt

$$\psi(t+\tau) = \frac{1}{\pi}\frac{d}{dt}\int_{0}^{t+\tau} \frac{f(\lambda)}{\sqrt{(t+\tau)-\lambda}}\, d\lambda,$$

und Ersatz von $t+\tau$ durch t ergibt daraus

$$\psi(t) = \frac{1}{\pi}\frac{d}{dt}\int_{\tau}^{t} \frac{f(\lambda)}{\sqrt{t-\lambda}}\, d\lambda$$

als Lösung.

IV. Geophysikalische Anwendungen der Operatorenrechnung.

1. Elektronenbewegung in der Ionosphäre.

Einem Kartesischen Rechtssystem (x, y, z) geben wir am erdmagnetischen Äquator in der Ionosphäre folgende Orientierung: $+z$-Achse vertikal aufwärts, $+y$-Achse gegen (magn.) Norden, $+x$-Achse gegen (magn.) Osten. Die Komponenten des erdmagnetischen Feldes $\mathfrak{H}$ sind dann: $H_x = 0$, $H_y = H$, $H_z = 0$, wobei H den Absolutbetrag von $\mathfrak{H}$ bedeutet. Beginnt ein zur Zeit $t = 0$ ruhendes Massenteilchen (Elektron, Ion) mit der Masse m und der elektrischen Ladung e unter dem Einfluß der Schwerebeschleunigung $\mathfrak{g} \equiv (0, 0, -g)$ zu fallen, so tritt infolge der Bewegung die elektromotorische Kraft $\frac{e}{c}[\mathfrak{v}, \mathfrak{H}]$ auf (vgl. S.25), so daß die Bewegungsgleichung in Vektorschreibweise

$$m\frac{d\mathfrak{v}}{dt} = m\mathfrak{g} + \frac{e}{c}[\mathfrak{v}, \mathfrak{H}]$$

lautet, oder in Komponentendarstellung bei der von uns getroffenen Koordinatenwahl:

$$(421)\qquad \left\{\begin{aligned} \frac{dv_x}{dt} + \frac{eH}{mc}v_z &= 0\,, \\ \frac{dv_y}{dt} \qquad\qquad &= 0\,, \\ \frac{dv_z}{dt} - \frac{eH}{mc}v_x &= -g\,, \end{aligned}\right.$$

(vgl. Gl. (111)); zu diesem System simultaner Differentialgleichungen gehören die Anfangsbedingungen

$$v_x(0) = 0\,,\ v_y(0) = 0\,,\ v_z(0) = 0\,.$$

Aus $\frac{dv_y}{dt} = 0$ und $v_y(0) = 0$ folgt: $v_y(t) = 0$ $(t > 0)$, d. h. die Bewegung erfolgt in der x, z-Ebene, so daß wir an Stelle von (421) nur das System

$$(422)\qquad \left\{\begin{aligned} Dv_x + \frac{eH}{mc}v_z &= 0\,, \\ -\frac{eH}{mc}v_x + Dv_z &= -g\,, \end{aligned}\right.$$

mit den Anfangsbedingungen

$$(423)\qquad v_x(0) = 0 \quad v_z(0) = 0$$

zu betrachten brauchen; dabei haben wir uns in den Gleichungen (422) bereits der Operatorenschreibweise bedient.

Wir bestimmen aus (422) nun v_x und v_z so, als ob die Operatoren D in (422) algebraische Größen wären, d. h. wir bilden die Determinanten:

$$(424)\qquad \begin{vmatrix} D & +\frac{eH}{mc} \\ -\frac{eH}{mc} & D \end{vmatrix} = D^2 + \left(\frac{eH}{mc}\right)^2,$$

und

$$(425)\qquad \left\{\begin{aligned} &\begin{vmatrix} 0 & +\dfrac{eH}{mc} \\ -g & D \end{vmatrix} = g\,\frac{eH}{mc}\,, \\ &\begin{vmatrix} D & 0 \\ -\dfrac{eH}{mc} & -g \end{vmatrix} = -g\,D\,, \end{aligned}\right.$$

aus denen sich die Unbekannten v_x und v_z wie folgt bestimmen:

$$(426)\qquad v_x = \frac{g\left(\dfrac{eH}{mc}\right)}{D^2 + \left(\dfrac{eH}{mc}\right)^2}\,,$$

$$(427)\qquad v_z = -\frac{g\,D}{D^2 + \left(\dfrac{eH}{mc}\right)^2}\,.$$

Die Realisierung der darin auftretenden Operatoren ergibt dann die gesuchten Lösungen $v_x(t)$, $v_z(t)$. Für (427) folgt aus Gleichung (329), wenn wir zur Abkürzung

$$(428)\qquad \omega = \frac{eH}{mc}$$

einführen:

$$(429)\qquad v_z = -\frac{g}{\omega}\sin(\omega t)\,.$$

Um (426) zu realisieren, schreiben wir:

$$v_x = \frac{g\,\omega}{D^2 + \omega^2} = g\,\omega\,D^{-1}\frac{D}{D^2 + \omega^2}\,,$$

indem auf Grund der Anfangsbedingung $v_x(0) = 0$ die Operatoren $D^{-1}D$ hier kommutativ sind (vgl. S. 66): $D^{-1}D = D\,D^{-1} = 1$. Nun ist

$$D^{-1}\frac{D}{D^2 + \omega^2} = \int_0^t \frac{\sin(\omega t)}{\omega}\,dt = \frac{1}{\omega^2}\left\{1 - \cos(\omega t)\right\},$$

so daß sich

$$(430)\qquad v_x = \frac{g}{\omega}\left\{1 - \cos(\omega t)\right\}$$

als Lösung ergibt. Die z-Komponente (429) ist rein periodisch mit der Periodendauer $T = \frac{2\pi}{\omega}$; die x-Komponente enthält aber dazu einen konstanten Anteil $\frac{g}{\omega}$, der *positiv* ist und somit eine *mittlere* Bewegung („Driftstrom") mit der Geschwindigkeit

$$(431) \qquad \bar{v}_x = \frac{1}{T}\int_0^T v_x\,dt = \frac{g}{\omega}$$

gegen (magn.) *Osten* ergibt. Für ein einfach ionisiertes Stickstoffmolekül ist z. B. $\omega = 95\ \mathrm{sec}^{-1}$; mit $g = 978\ \mathrm{cm\ sec}^{-2}$ (am Äquator) ergibt sich $\bar{v}_x$ von der Größenordnung $10\ \mathrm{cm\ sec}^{-1}$. Wenn N die Zahl der Ladungen (e) pro Volumeneinheit bedeutet, so ist $e\,N\,v_x$ die elektrische Stromdichte, deren durch tageszeitliche Veränderung von N bedingte Schwankungen von Chapman[1] zur Erklärung der sonnentägigen erdmagnetischen Variationen herangezogen wurden.

2. Elektrische Wellen in der Ionosphäre.

Unterhalb der Ionosphäre verhält sich die Atmosphäre hinsichtlich der Ausbreitung elektrischer Wellen praktisch wie das Vakuum mit $\varepsilon = \mu = 1$, so daß hier die Fortpflanzung der elektrischen Wellen für alle Frequenzen ω nach Gl. (249) mit der Vakuumlichtgeschwindigkeit c erfolgt. Beim Eindringen der elektrischen Wellen in die N Ladungsträger (der Masse m) pro Volumeneinheit enthaltende Ionosphäre *ändert sich* ω *nicht*, wohl aber die Fortpflanzungsgeschwindigkeit, die hier mit a bezeichnet werde. Eine Gleichung von der Form

$$(432) \qquad E_x = A_x \cos\left\{\omega\left(t - \frac{k_x x + k_y y + k_z z}{a}\right)\right\}$$

(ω = Kreisfrequenz) stellt dann die x-Komponente der elektrischen Feldstärke $\mathfrak{E}$ einer *ebenen Welle* dar, die sich mit der Geschwindigkeit a in einer durch die Richtungskosinus

$$(433) \qquad k_x = \cos(s, x)\,,\quad k_y = \cos(s, y)\,,\quad k_z = \cos(s, z)$$

bestimmten Strahlrichtung s ausbreitet, wobei zwischen den Richtungskosinus k_x, k_y, k_z die Beziehung

$$(434) \qquad k_x^2 + k_y^2 + k_z^2 = 1$$

besteht. *Ein* elektrischer Ladungsträger wird durch die sich periodisch ändernde elektrische Feldstärke der Welle in Schwingungen versetzt, die nach (108) durch die Gleichung

$$\mathfrak{b} = \frac{d\mathfrak{v}}{dt} = \frac{d^2\mathfrak{r}}{dt^2} = \frac{e}{m}\,\mathfrak{E}$$

[1] Sidney Chapman, englischer Mathematiker und Physiker, geb. 1888.

beschrieben werden können, wenn wir das erdmagnetische Feld und die ponderomotorische Kraft der magnetischen Feldstärke der elektromagnetischen Welle unberücksichtigt lassen. Bei *mehreren* elektrischen Ladungsträgern müssen die den einzelnen Ladungsträgern entsprechenden Ortsvektoren $\mathfrak{r}$ durch Angabe der *Koordinaten* $x_0 = \alpha$, $y_0 = \beta$, $z_0 = \gamma$ *der Gleichgewichtslagen der einzelnen Ladungsträger* unterschieden werden, d. h. es ist nicht, wie beim einzelnen Ladungsträger, $\mathfrak{r} = \mathfrak{r}(t)$, sondern

$$\mathfrak{r} = \mathfrak{r}(\alpha, \beta, \gamma, t)\,, \tag{435}$$

und daher

$$\mathfrak{v} = \frac{\partial \mathfrak{r}}{\partial t}, \quad \mathfrak{b} = \frac{\partial^2 \mathfrak{r}}{\partial t^2} \tag{436}$$

zu schreiben, für die elektrische Stromdichte also:

$$\mathfrak{J} = \varrho\, \mathfrak{v} = N e \frac{\partial \mathfrak{r}}{\partial t} \tag{437}$$

während die Bewegungsgleichung die Form

$$\frac{\partial^2 \mathfrak{r}}{\partial t^2} = \frac{e}{m} \mathfrak{E} \tag{438}$$

annimmt. Das System der Gleichungen der Elektronentheorie (vgl. S. 51) lautet jetzt:

$$c \operatorname{rot} \mathfrak{H} = \frac{\partial \mathfrak{E}}{\partial t} + 4\pi N e \frac{\partial \mathfrak{r}}{\partial t}\,, \tag{439}$$

$$c \operatorname{rot} \mathfrak{E} = -\frac{\partial \mathfrak{H}}{\partial t}\,, \tag{440}$$

zusammen mit (438) und

$$\operatorname{div} \mathfrak{H} = 0\,, \quad \operatorname{div} \mathfrak{E} = 0\,, \tag{441}$$

wobei mit $\operatorname{div} \mathfrak{E} = 0$ wahre elektrische Ladungen ausgeschlossen sind. Aus Gleichung (439) folgt durch partielle Differentiation nach t mit Rücksicht auf (438), (440) und (441) sowie (244) die Gleichung:

$$c^2 \varDelta \mathfrak{E} = \frac{\partial^2 \mathfrak{E}}{\partial t^2} + 4\pi \frac{N e^2}{m} \mathfrak{E}\,, \tag{442}$$

deren x-Komponente

$$\varDelta E_x - \frac{1}{c^2} \frac{\partial^2}{\partial t^2} E_x - 4\pi \frac{N e^2}{m c^2} E_x = 0\,,$$

oder in Operatorenschreibweise

$$\left\{ D_x^2 + D_y^2 + D_z^2 - \frac{1}{c^2} D_t^2 - 4\pi \frac{N e^2}{m c^2} \right\} E_x = 0 \tag{443}$$

lautet. Der linksstehende Operatorenausdruck ist in sämtlichen

Grundoperatoren D_x, D_y, D_z, D_t von der Form $F(D^2)$, und substituieren wir in (443) die Welle (432):

$$\left\{D_x^2 + D_y^2 + D_z^2 - \frac{1}{c^2} D_t^2 - 4\pi \frac{Ne^2}{m c^2}\right\} \cos\omega\left(t - \frac{k_x x + k_y y + k_z z}{a}\right) = 0\,,$$

so kann (297) angewandt werden, wodurch sich sofort

$$-\frac{\omega^2}{a^2}(k_x^2 + k_y^2 + k_z^2) + \frac{\omega^2}{c^2} - 4\pi \frac{Ne^2}{m c^2} = 0$$

oder wegen (434):

$$-\frac{\omega^2}{a^2} + \frac{\omega^2}{c^2} - 4\pi \frac{Ne^2}{m c^2} = 0$$

ergibt. Durch Auflösung dieser Gleichung nach a findet man für die Fortpflanzungsgeschwindigkeit der elektrischen Welle den Ausdruck

$$a = \frac{c}{\sqrt{1 - \frac{4\pi Ne^2}{m\omega^2}}}. \tag{444}$$

Die Fortpflanzungsgeschwindigkeit (*Phasengeschwindigkeit*) der Welle ist also im ionisierten Medium *größer* als im Vakuum; sie hängt ferner von der Kreisfrequenz ω ab, ist also für verschiedene Frequenzen verschieden (*Dispersion*). Der Vergleich von (444) mit (249) zeigt, daß die Ionosphäre hinsichtlich der Ausbreitung elektrischer Wellen als ein Medium mit der Dielektrizitätskonstante

$$\varepsilon = 1 - \frac{4\pi Ne^2}{m\omega^2}$$

und dem *Brechungsindex*

$$n = \frac{c}{a} = \sqrt{1 - \frac{4\pi Ne^2}{m\omega^2}}$$

aufgefaßt werden kann, welche Größen durch die MAXWELLsche Relation $n = \sqrt{\varepsilon}$ miteinander verknüpft sind.

3. Harmonische Wasserwellen.

Die ungestörte freie Oberfläche eines in den horizontalen Richtungen unendlich ausgedehnten Gewässers der gleichförmigen Tiefe H machen wir zur horizontalen x, y-Ebene eines Kartesischen Koordinatensystems, dessen z-Achse wir abwärts positiv zählen. Es ist also $z = 0$ die ungestörte Oberfläche und $z = H$ der Boden des Gewässers. Es sei ζ die aufwärts positiv gezählte Erhebung der Oberfläche über die Gleichgewichtslage $z = 0$; hat ζ

die Form

$$\zeta = A \cos a\,(x - ct) \tag{445}$$

mit A = Amplitude, $a = \frac{2\pi}{\lambda}$, λ = Wellenlänge, c = Fortpflanzungsgeschwindigkeit, so liegt eine in Richtung der positiven x-Achse fortschreitende harmonische Welle vor, deren Fortpflanzungsgeschwindigkeit (Phasengeschwindigkeit) c zu bestimmen sei. Da die Wellen parallel zur y-Achse verlaufen, können wir die Rechnung auf die vertikale x, z-Ebene beschränken.

Die hydrodynamischen Bewegungsgleichungen (198) lauten dann bei Vernachlässigung der nichtlinearen Geschwindigkeitsterme sowie der CORIOLISbeschleunigung:

$$\frac{\partial v_x}{\partial t} = -\frac{\partial \psi}{\partial x}, \quad \frac{\partial v_z}{\partial t} = -\frac{\partial \psi}{\partial z}, \tag{446}$$

wobei wir

$$\psi = \Phi + \frac{p}{\varrho} \tag{447}$$

gesetzt haben. Ferner gilt die Kontinuitätsgleichung für inkompressible Flüssigkeiten (205) in der Form

$$\frac{\partial v_x}{\partial x} + \frac{\partial v_z}{\partial z} = 0\,. \tag{448}$$

Aus (446) und (448) folgt dann für die Funktion ψ sofort die zweidimensionale Potentialgleichung (vgl. S. 5):

$$\frac{\partial^2 \psi}{\partial x^2} + \frac{\partial^2 \psi}{\partial z^2} = 0\,. \tag{449}$$

Hierzu treten folgende Randbedingungen: Für $z = H$ muß auf Grund der kinematischen Grenzflächenbedingung (vgl. S. 46) für alle Zeiten $v_z = 0$ sein, d. h. nach der zweiten der Gleichungen (446):

$$\frac{\partial \psi}{\partial z} = 0\,, \text{ für } z = H\,. \tag{450}$$

An der freien Oberfläche ist auf Grund der dynamischen Grenzflächenbedingung (vgl. S. 46) für alle Zeiten $p = 0$, ferner hat für einen Punkt der Oberfläche ζ das Schwerepotential den Wert $\Phi = g\,\zeta$, wenn wir dem Potential der Gleichgewichtslage den Wert Null erteilen. Dann ist nach Gl. (447)

$$\psi = g\,\zeta\,, \text{ für } z = 0 \tag{451}$$

eine weitere Randbedingung. Ferner kann für die Oberfläche $v_z = -\frac{\partial \zeta}{\partial t}$ gesetzt werden, wobei das Minuszeichen dadurch bedingt ist, daß wir z nach unten, ζ aber nach oben positiv zählen. Dann ist nach der zweiten Gleichung von (446)

$$\frac{\partial \psi}{\partial z} = \frac{\partial^2 \zeta}{\partial t^2}, \text{ für } z = 0\,. \tag{452}$$

Es liegen dann in dem System (450, 451, 452) drei Gleichungen zur Erfüllung von zwei Randbedingungen und zur Bestimmung der in Gleichung (445) noch unbestimmten Konstanten c vor.

Die Gleichung (449), die in Operatorenform

$$(D_x^2 + D_z^2)\,\psi = 0 \tag{453}$$

lautet, unterwerfen wir der linksseitigen Einwirkung des Operators $D_z^{-1} = \int_0^z d\,z$; wir erhalten mit Rücksicht auf (452):

$$(D_z^{-1}\,D_x^2 + D_z)\,\psi = \frac{\partial^2 \zeta}{\partial t^2} = D_t^2\,\zeta\,.$$

Nochmalige Anwendung von D_z^{-1} ergibt mit Rücksicht auf Gleichung (451):

$$(D_z^{-2}\,D_x^2 + 1)\,\psi = D_z^{-1}\,D_t^2\,\zeta + g\,\zeta\,,$$

woraus die symbolische Lösung

$$\psi = \frac{1}{D_z^{-2}\,D_x^2 + 1}\,g\,\zeta + \frac{D_z^{-1}\,D_t^2}{D_z^{-2}\,D_x^2 + 1}\,\zeta\,,$$

oder

$$\psi = \left\{ g\,\frac{D_z^2}{D_z^2 + D_x^2} + \frac{D_z\,D_t^2}{D_z^2 + D_x^2} \right\} \zeta \tag{454}$$

folgt. Substituieren wir hierin für ζ den Ausdruck (445) und wenden für die Operatoren D_t^2 und D_x^2 die Gleichung (297) an, so ergibt sich

$$\psi = A \cos a\,(x - \text{ct}) \left\{ g\,\frac{D_z^2}{D_z^2 - a^2} - a^2\,c^2\,\frac{D_z}{D_z^2 - a^2} \right\}, \tag{455}$$

woraus nach den Gleichungen (322) und (323)

$$\psi = A \cos a\,(x - \text{ct}) \left\{ g \operatorname{Cos}\,(a\,z) - a\,c^2 \operatorname{Sin}\,(a\,z) \right\} \tag{456}$$

folgt. Die Ableitung dieses Ausdrucks nach z:

$$\frac{\partial \psi}{\partial z} = a\,A \cos a\,(x - \text{ct}) \{ g \operatorname{Sin}\,(a\,z) - a\,c^2 \operatorname{Cos}\,(a\,z) \}$$

soll gemäß Gl. (450) für $z = H$ verschwinden, wodurch sich die Bestimmungsgleichung

$$g \operatorname{Sin}\,(a\,H) - a\,c^2 \operatorname{Cos}\,(a\,H) = 0 \tag{457}$$

für c ergibt. Durch Einführung des *hyperbolischen Tangens*

$$\mathrm{Tg}\,(a\,H) = \frac{\mathrm{Sin}\,(a\,H)}{\mathrm{Cos}\,(a\,H)}$$

erhält man aus (457) mit $a = \frac{2\pi}{\lambda}$ für die Fortpflanzungsgeschwindigkeit c der Wasserwellen die Gleichung

$$c = \sqrt{\frac{g\lambda}{2\pi}\,\mathrm{Tg}\left(\frac{2\pi H}{\lambda}\right)}. \tag{458}$$

Aus dieser Gleichung ergeben sich zwei Spezialfälle für $\frac{2\pi H}{\lambda} \gg 1$ (kurze Wellen, tiefes Wasser) und $\frac{2\pi H}{\lambda} \ll 1$ (lange Wellen, flaches Wasser). Im ersten Fall gilt

$$\mathrm{Tg}\left(\frac{2\pi H}{\lambda}\right) \to 1$$

und daher

$$c = \sqrt{\frac{g\lambda}{2\pi}}, \tag{459}$$

im zweiten Fall gilt

$$\mathrm{Tg}\left(\frac{2\pi H}{\lambda}\right) \to \frac{2\pi H}{\lambda}$$

und somit

$$c = \sqrt{g\,H}. \tag{460}$$

Hier ist die Fortpflanzungsgeschwindigkeit von der Wellenlänge unabhängig.

4. Stationäre Driftströme im homogenen Ozean.

Wir betrachten das stationäre Strömungssystem, welches sich in einem unendlich ausgedehnten homogenen Ozean unendlicher Tiefe infolge eines darüber wehenden konstanten Windes nach hinreichend langer Zeit ausbildet, indem der durch den Wind an der Meeresoberfläche ausgeübte Tangentialdruck das Oberflächenwasser in Bewegung setzt und sich diese Bewegung durch die innere (turbulente) Reibung des Meerwassers in immer größere Tiefen ausbreitet. Der Bewegungszustand wird beschrieben durch die aus (223) für den stationären Fall $\left(\frac{\partial v_x}{\partial t} = \frac{\partial v_y}{\partial t} = 0\right)$ und fehlenden Druckgradienten $\left(\frac{\partial p}{\partial x} = \frac{\partial p}{\partial y} = 0\right)$ folgenden Gleichungen

$$(461) \qquad \left\{ \begin{aligned} \frac{d^2 v_x}{dz^2} + 2\,\omega \frac{\sin\varphi}{\mu} \varrho\, v_y = 0\,, \\ \frac{d^2 v_y}{dz^2} - 2\,\omega \frac{\sin\varphi}{\mu} \varrho\, v_x = 0\,. \end{aligned} \right.$$

Das Koordinatensystem (x, y, z) sei ein Kartesisches *Linkssystem* mit *abwärts positiv* zu zählender z-Achse, während die x, y-Ebene mit der Meeresoberfläche $z = 0$ zusammenfällt. Die Gleichungen gelten in vorstehender Form für die Nordhemisphäre (für die Südhemisphäre wäre φ mit $-\varphi$ zu vertauschen). Die Komponenten des Tangentialdrucks des Windes an der Meeresoberfläche sind

$$(462) \qquad T_x = -\mu \left(\frac{d\,v_x}{dz}\right)_0, \quad T_y = -\mu \left(\frac{d\,v_y}{dz}\right)_0,$$

und als vorgegebene konstante Größen zu betrachten. Mit der Abkürzung

$$2\,a^2 = 2\,\omega \frac{\sin\varphi \cdot \varrho}{\mu}$$

lassen sich unter Einführung der komplexen Geschwindigkeit $(i = \sqrt{-1})$

$$(463) \qquad w = v_x + i\,v_y$$

die Gleichungen (461) in

$$(464) \qquad \frac{d^2 w}{dz^2} - i\,2\,a^2 w = 0$$

zusammenfassen; unter

$$(465) \qquad S = T_x + i\,T_y = -\mu \left(\frac{d\,w}{d\,z}\right)_0$$

verstehen wir den aus (462) und (463) folgenden komplexen Tangentialdruck.

Als Randbedingung haben wir für die Meeresoberfläche $z = 0$:

$$(466) \qquad \left(\frac{d\,w}{d\,z}\right)_0 = -\frac{S}{\mu}\,,$$

während für große Tiefen $(z \to \infty)$ das Verschwinden des Bewegungsfeldes zu fordern ist:

$$(467) \qquad w = 0\,, \text{ für } z \to \infty\,.$$

Aus der Gleichung (464) erhalten wir nun durch linksseitige Anwendung des Operators $D_z^{-1} = \int_0^z dz$ mit Rücksicht auf (466):

$$\frac{dw}{dz} - i\,2\,a^2\,D_z^{-1}\,w = -\frac{S}{\mu},$$

und nochmalige Anwendung von D_z^{-1} ergibt

(468) $$w - i\,2\,a^2\,D_z^{-2}\,w_0 = w - D_z^{-1}\,\frac{S}{\mu},$$

wobei w_0 die komplexe Geschwindigkeit an der Meeresoberfläche bedeutet:

(469) $$w_0 = v_x(0) + i\,v_y(0).$$

Die Gleichung (468):

$$(1 - i\,2\,a^2\,D_z^{-2})\,w = w_0 - D_z^{-1}\,\frac{S}{\mu},$$

hat die symbolische Lösung

$$w = \frac{1}{1 - i\,2\,a^2\,D_z^{-2}}\,w_0 - \frac{D_z^{-1}}{1 - i\,2\,a^2\,D_z^{-2}}\,\frac{S}{\mu},$$

oder

$$w = \frac{D_z^2}{D_z^2 - i\,2\,a^2}\,w_0 - \frac{D_z}{D_z^2 - i\,2\,a^2}\,\frac{S}{\mu},$$

die nach (322) und (323) durch

(470) $$w = \operatorname{Cos}\left(a\,z\sqrt{2\,i}\right)w_0 - \frac{\operatorname{Sin}\left(a\,z\sqrt{2\,i}\right)}{a\sqrt{2\,i}}\,\frac{S}{\mu}$$

realisiert ist. Dabei ist $\sqrt{2\,i} = 1 + i$, wie durch Quadrieren mit Rücksicht auf $i^2 = -1$ sofort bestätigt werden kann. Drückt man die hyperbolischen Funktionen in (470) durch Exponentialfunktionen aus, so erhält man:

(471) $$\left\{\begin{aligned} w &= \tfrac{1}{2}\,e^{+a\,z\sqrt{2\,i}}\left\{w_0 - \frac{1}{a\sqrt{2\,i}}\,\frac{S}{\mu}\right\} \\ &\quad + \tfrac{1}{2}\,e^{-a\,z\sqrt{2\,i}}\left\{w_0 + \frac{1}{a\sqrt{2\,i}}\,\frac{S}{\mu}\right\}, \end{aligned}\right.$$

woraus sofort ersichtlich ist, daß die Bedingung (467) nur erfüllt ist, wenn

(472) $$w_0 - \frac{1}{a\sqrt{2\,i}}\,\frac{S}{\mu} = 0,$$

welche Gleichung die Beziehung zwischen Oberflächenstrom und Tangentialdruck des Windes darstellt. Setzt man (V_0 = Absolutbetrag des Oberflächenstroms)

$$v_x(0) = V_0\cos\alpha\,,\quad v_y(0) = V_0\sin\alpha\,,$$

und orientiert das Koordinatensystem derart, daß der Wind in Richtung der $+y$-Achse weht: $T_x = 0$, $S = i\,T_y = i\,T$ (T = Absolutbetrag des Tangentialdrucks) so folgt aus Gl. (472):

$$V_0 \cos\alpha + i\,V_0 \sin\alpha = \frac{1}{\mu\,a\sqrt{2}}\sqrt{i}\,T = \frac{T}{2\,\mu\,a}(1+i)\,,$$

d. h.

$$V_0 \cos\alpha = \frac{T}{2\,\mu\,a}\,,\quad V_0 \sin\alpha = \frac{T}{2\,\mu\,a}$$

also

(473) $$\operatorname{tg}\alpha = 1\,,\quad \alpha = \pi/4\ (= 45^0)$$

und

(474) $$V_0 = \frac{T}{\mu\,a\sqrt{2}} = \frac{T}{\sqrt{2\,\omega\sin\varphi\cdot\varrho\,\mu}}\,.$$

Die Gleichung (473) besagt, daß der Oberflächenstrom gegenüber dem Wind (Tangentialdruck) auf der Nordhemisphäre um 45° nach rechts abgelenkt ist; der komplexe Oberflächenstrom ist also in der Form

(475) $$w_o = V_0 \cos\left(\frac{\pi}{4}\right) + i\sin\left(\frac{\pi}{4}\right) = V_0\,e^{i\frac{\pi}{4}}$$

darstellbar. Die Lösung (471) reduziert sich jetzt wegen (472) auf

$$w = w_0\,e^{-a\,z\sqrt{2i}} = w_0\,e^{-a\,z\,(1+i)}\,,$$

woraus durch Substitution von (475)

$$w = V_0\,e^{-a\,z}\,e^{i\,(\pi/4\,-\,a\,z)}$$

oder nach Gleichung (463)

$$v_x + i\,v_y = V_0\,e^{-a\,z}\cos(\pi/4 - a\,z) + i\,V_0\,e^{-a\,z}\sin(\pi/4 - a\,z)$$

folgt, so daß also in

(476) $$\begin{cases} v_x = V_0\,e^{-a\,z}\cos(\pi/4 - a\,z)\,, \\ v_y = V_0\,e^{-a\,z}\sin(\pi/4 - a\,z)\,, \end{cases}$$

in Verbindung mit Gleichung (474) die Lösungen des Systems (461) mit Berücksichtigung der Randbedingungen (466) und (467) vorliegen. Diese Lösungen besagen, daß der Strom unter Abnahme der Geschwindigkeit mit zunehmender Tiefe nach rechts dreht; die Verbindung der Endpunkte der mit zunehmender Tiefe aufeinanderfolgenden Geschwindigkeitsvektoren ergibt eine logarith mische Spirale (EKMAN-Spirale[1]). In einer Tiefe $z = H$, bestimmt durch $a\,H = \pi$, also

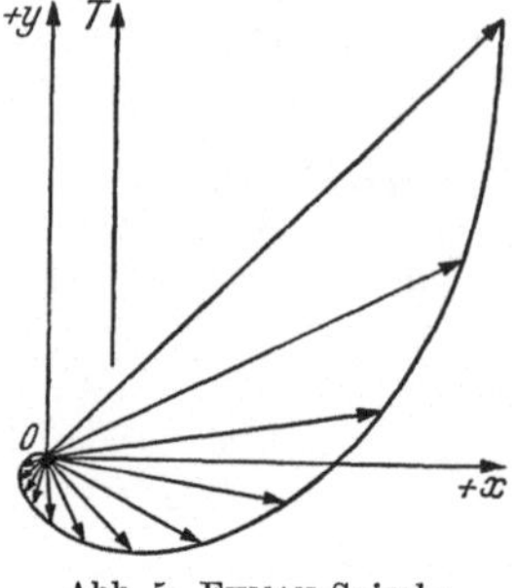

Abb. 5. EKMAN-Spirale.

$$H = \sqrt{\frac{\mu}{\varrho\,\omega\,\sin\varphi}}\,,$$

ist die Amplitude des Stroms auf den $e^{-\pi}$-ten Teil ($e^{-\pi} = 0{,}0432$) des Oberflächenstroms gesunken und dabei hat der Strom gegenüber dem Oberflächenstrom um 180° gedreht; hier ist praktisch die Grenze des winderzeugten Meeresstroms erreicht. H heißt *EKMANsche Reibungstiefe*.

5. Eigenschwingungen abgeschlossener Wassermassen.

Durch Luftdruckschwankungen und besondere Windverhältnisse können die in Seen abgeschlossenen Wassermassen zu freien Schwingungen angeregt werden, die auf Grund eines lokalen, von der Bevölkerung der Ufer des Genfer Sees gebrauchten Namens in der Limnologie (Seenkunde) *Seiches* genannt werden. Die Schwingungen besitzen je nach der Dimension des Sees Perioden von einigen Minuten bis einigen Stunden, erfolgen also relativ langsam, so daß wir die quasistatische Betrachtungsweise anwenden können, nach welcher der Druck durch die statische Grundgleichung (217) mit hinreichender Genauigkeit gegeben ist. Wir legen die x-Achse in Richtung der Längsachse des Sees, zählen die z-Achse nach oben positiv und brauchen, da wir Querschwingungen nicht betrachten wollen, die y-Abhängigkeit der vorkommenden Größen nicht zu berücksichtigen. Der See habe die Länge L, reiche von $x = 0$ bis $x = L$ und werde dort von vertikalen Ufern begrenzt, so daß dort auf Grund der kinematischen Grenzflächenbedingung (vgl. S. 46) v_x stets verschwinden muß:

$$v_x = 0\,, \text{ für } x = 0 \text{ und } x = L\,. \tag{477}$$

Die gleichförmige Tiefe des Sees sei H. Ist ζ die Oberflächenstörung, so ergibt die statische Grundgleichung (217) den Druck in der Höhe z über dem Seeboden $z = 0$ zu

$$p - p_{H+\zeta} = -\int\limits_z^{H+\zeta} \frac{\partial p}{\partial z}\,dz = +g\,\varrho\,(H + \zeta - z)\,,$$

[1] VAGN WALFRIED EKMAN, schwedischer Ozeanograph und Physiker, geb. 1784.

oder

(478) $$p = g\,\varrho\,(H + \zeta - z)\,,$$

da der Druck $p_{H+\zeta}$ an der freien Oberfläche verschwindet (vgl. S. 46). Die erste der hydrodynamischen Bewegungsgleichungen (218) lautet dann, da die Coriolisbeschleunigung unberücksichtigt bleiben kann:

(479) $$\frac{\partial v_x}{\partial t} = -\frac{1}{\varrho}\frac{\partial p}{\partial x} = -g\frac{\partial \zeta}{\partial x}\,,$$

welche Gleichung zeigt, daß v_x von z unabhängig sein muß, da $\zeta = \zeta(x, t)$. Dann folgt aber aus der Kontinuitätsgleichung

$$\frac{\partial v_x}{\partial x} + \frac{\partial v_z}{\partial z} = 0$$

durch Integration mit Rücksicht auf $v_z = 0$ für $z = 0$:

$$(v_z)_{H+\zeta} = -(H + \zeta)\frac{\partial v_x}{\partial x}\,,$$

oder wegen

$$(v_z)_{H+\zeta} = \frac{\partial \zeta}{\partial t}$$

und Vernachlässigung von ζ gegen H auf der rechten Seite:

(480) $$\frac{\partial \zeta}{\partial t} = -H\frac{\partial v_x}{\partial x}\,.$$

Durch partielle Differentiation nach t und Substitution von Gl. (479) ergibt sich hieraus die Wellengleichung

(481) $$\frac{\partial^2 \zeta}{\partial t^2} = c^2\frac{\partial^2 \zeta}{\partial x^2}$$

mit $c = \sqrt{g\,H}$ (vgl. S. 104). Aus Gleichung (479) folgt, daß die Bedingungen (477) äquivalent sind mit

(482) $$\frac{\partial \zeta}{\partial x} = 0\,,\ \text{für } x = 0 \text{ und } x = L\,.$$

Schließlich sei für $x = 0$ die dortige periodische Wasserstandsänderung ζ von der Form

(483) $$\zeta_0 = A\cos\left(\frac{2\pi}{T}t + B\right),$$

worin T die (noch zu bestimmende) Schwingungsdauer bedeutet.

Wir schreiben die Gleichung (481) operatorenmäßig

(484) $$\left(D_x^2 - \frac{1}{c^2}D_t^2\right)\zeta = 0\,,$$

wenden linksseitig den Operator $D_x^{-1} = \int_0^x dx$ an und erhalten wegen (482):

$$\left(D_x - \frac{1}{c^2} D_x^{-1} D_t^2\right) \zeta = 0 .$$

Nochmalige Anwendung des Operators D_x^{-1} ergibt mit Rücksicht auf (483):

$$\left(1 - \frac{1}{c^2} D_x^{-2} D_t^2\right) \zeta = A \cos\left(\frac{2\pi t}{T} + B\right),$$

mit der symbolischen Lösung

$$\zeta = A \frac{D_x^2}{D_x^2 - \frac{1}{c^2} D_t^2} \cos\left(\frac{2\pi t}{T} + B\right),$$

in welcher der D_x-Operator gemäß (322) realisiert werden kann:

$$\zeta = A \operatorname{Cos}\left(\frac{x}{c} D_t\right) \cos\left(\frac{2\pi}{T} t + B\right),$$

oder

$$\zeta = \frac{A}{2}\left(e^{+\frac{x}{c} D_t} + e^{-\frac{x}{c} D_t}\right) \cos\left(\frac{2\pi}{T} t + B\right).$$

Die Anwendung von (394) bzw. (395) ergibt weiter:

$$\zeta = \frac{A}{2} \cos\left\{\frac{2\pi}{T}\left(t + \frac{x}{c}\right) + B\right\} + \frac{A}{2} \cos\left\{\frac{2\pi}{T}\left(t - \frac{x}{c}\right) + B\right\},$$

welches Resultat mit Hilfe der auf S. 34 angegebenen trigonometrischen Formel für die Summe zweier Kosinusfunktionen übersichtlicher

(485) $$\zeta = A \cos\left(\frac{2\pi}{Tc} x\right) \cos\left(\frac{2\pi}{T} t + B\right)$$

geschrieben werden kann. Die Ableitung

$$\frac{\partial \zeta}{\partial x} = -\frac{2\pi A}{Tc} \sin\left(\frac{2\pi}{Tc} x\right) \cos\left(\frac{2\pi}{T} t + B\right)$$

erfüllt die erste der Bedingungen (482); damit auch die zweite dieser Bedingungen erfüllt ist, muß

(486) $$\sin\left(\frac{2\pi L}{Tc}\right) = 0$$

sein, was nur möglich ist, wenn die bisher noch unbestimmte Schwingungsdauer T einen der diskreten Werte T_n ($n = 1, 2, 3 \ldots$)

annimmt, die sich aus der (486) genügenden Gleichung

$$\frac{2\pi L}{T_n c} = n\pi \quad (n = 1, 2, 3 \ldots)$$

ergeben. Diese *Eigenwerte* des vorliegenden Problems:

$$T_n = \frac{2L}{nc} = \frac{2L}{n\sqrt{gH}}, \tag{487}$$

stellen die *möglichen Schwingungsperioden* dar. Die dazugehörigen *Schwingungsformen* werden durch die entsprechenden *Eigenfunktionen*

$$\left.\begin{aligned} \zeta_n &= A\cos\left(\frac{2\pi}{cT_n}x\right)\cos\left(\frac{2\pi t}{T_n}+B\right) \\ &= A\cos\left(\frac{n\pi}{L}x\right)\cos\left(\frac{2\pi t}{T_n}+B\right) \end{aligned}\right\} \tag{488}$$

bestimmt. Diese Eigenfunktionen stellen *stehende Wellen* dar, bei denen die sich aus $\frac{n\pi}{L}x = \frac{\pi}{2}(2m-1)$ ergebenden Punkte

$$x = L\cdot\left(\frac{2m-1}{2n}\right) \quad (m = 1, 2, 3 \ldots n)$$

der Seenoberfläche zu allen Zeiten mit der Gleichgewichtslage zusammenfallen (*Knotenpunkte*). Für eine einknotige Schwingung

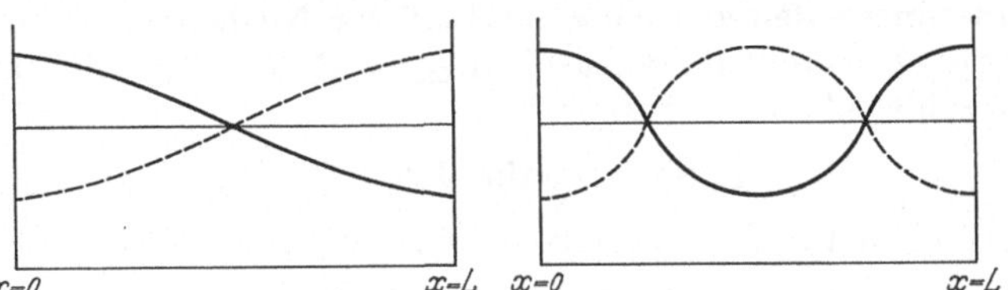

Abb. 6. Schema der ein- und zweiknotigen Seiches.

ist also $x = \frac{1}{2}L$ der Knotenpunkt, für eine zweiknotige Schwingung ($n = 2$, $m = 1, 2$) liegen die Knotenpunkte an den Stellen $x = \frac{1}{4}L$ und $x = \frac{3}{4}L$ usw..

6. Ausgleich von Salzgehaltsstörungen im Ozean durch Turbulenz.

Der Ausgleich von Salzgehaltsunterschieden im Meerwasser wird (bei fehlender Konvektion) durch eine der Diffusionsgleichung (260) analoge Differentialgleichung

$$\frac{\partial\sigma}{\partial t} = \frac{\eta}{\varrho}\frac{\partial^2\sigma}{\partial z^2} \tag{489}$$

beschrieben, in der σ den Salzgehalt (pro Masseneinheit), z die (abwärts positiv gezählte) Vertikalkoordinate, ϱ die Dichte des Meerwassers und η den von der Intensität der Turbulenz abhängigen *Austauschkoeffizienten* für die Eigenschaft „Salzgehalt" bedeutet. Salzarmes Niederschlagswasser, das auf die Meeresoberfläche $z = 0$ niederfällt, ist dort in seiner physikalischen Wirkung einer flächenhaften Salzsenke äquivalent, die pro Zeit- und Flächeneinheit eine Salzmenge $-\Sigma$ aufbraucht, welche einer Salzstromdichte $-\eta \frac{\partial \sigma}{\partial z}$ (analog der Wärmestromdichte, vgl. S. 55) unmittelbar an der Meeresoberfläche $z = 0$ entspricht:

(490) $$\Sigma = \left(\eta \frac{\partial \sigma}{\partial x}\right)_{z=0}.$$

Die dadurch an der Meeresoberfläche einsetzende Herabsetzung der Salzkonzentration breitet sich bei Andauer der Senke (490), d. h. während des Niederschlags, infolge Turbulenz in immer tiefere Schichten aus, während nach dem Aufhören des Niederschlags ein von unten nach oben fortschreitender Ausgleich der niederschlagsbedingten Salzgehaltsstörung infolge des Turbulenzvorgangs einsetzt.

Beim Einsetzen des Niederschlags zur Zeit $t = 0$ sei der mit der Tiefe konstante Salzgehalt $\overset{*}{\sigma}$ vorhanden; Σ in (490) ist als eine durch den zeitlichen Verlauf der Niederschlagsintensität bedingte Zeitfunktion anzusehen, $\Sigma = \Sigma(t)$, die während der Niederschlagsdauer T positiv ist:

$$\Sigma(t) > 0\,, \text{ für } 0 \leq t \leq T\,,$$

hingegen Null für alle Zeiten nach dem Aufhören des Niederschlags:

$$\Sigma(t) = 0\,, \text{ für } T < t\,.$$

Die Differenz $\sigma(z, t) - \overset{*}{\sigma} = S$ genügt dann der Differentialgleichung

(491) $$\frac{\partial S}{\partial t} - \frac{\eta}{\varrho}\frac{\partial^2 S}{\partial z^2} = 0$$

und nach (490) der Randbedingung

(492) $$\left(\frac{\partial S}{\partial z}\right)_{z=0} = \frac{\Sigma(t)}{\eta},$$

ferner ist

(493) $$S = \sigma - \overset{*}{\sigma} = 0\,, \text{ für } z \to \infty\,,$$

d. h. das Verschwinden der Störung für große Tiefen zu fordern.

Die Differentialgleichung (491), die mit der Abkürzung $\eta/\varrho = a^2$ in Operatorenschreibweise

$$(D_t - a^2 D_z^2)\, S = 0$$

lautet, unterwerfen wir der linksseitigen Einwirkung des Operators $D_z^{-1} = \int\limits_0^z dz$ und erhalten mit Rücksicht auf (492):

$$(D_z^{-1} D_t - a^2 D_z)\, S = -\frac{a^2}{\eta} \Sigma\,(t)\,,$$

und durch nochmalige Anwendung der D_z^{-1}-Operation:

$$(D_z^{-2} D_t - a^2)\, S = -a^2 S_0\,(t) - D_z^{-1} \frac{a^2}{\eta} \Sigma\,(t)\,, \tag{494}$$

worin S_0 den Wert von S für $z = 0$ bedeutet, der *nicht* durch eine Randbedingung vorgegeben ist. Aus Gl. (494) folgt die symbolische Lösung

$$S = \frac{D_z^2}{D_z^2 - \frac{D_t}{a^2}} S_0\,(t) + \frac{D_z}{D_z^2 - \frac{D_t}{a^2}} \frac{\Sigma\,(t)}{\eta}\,,$$

welche hinsichtlich des Operators D_z gemäß (322, 323) realisiert werden kann:

$$S = \operatorname{Cos}\left(\frac{z}{a} \sqrt{D_t}\right) S_0\,(t) + a \operatorname{Sin} \frac{\left(\frac{z}{a} \sqrt{D_t}\right)}{\sqrt{D_t}} \frac{\Sigma\,(t)}{\eta}\,,$$

oder

$$\left\{\begin{aligned} S &= \frac{1}{2} e^{+\frac{z}{a}\sqrt{D_t}} \left\{ S_0\,(t) + \frac{1}{\sqrt{D_t}} \frac{a}{\eta} \Sigma\,(t) \right\} \\ &+ \frac{1}{2} e^{-\frac{z}{a}\sqrt{D_t}} \left\{ S_0\,(t) - \frac{1}{\sqrt{D_t}} \frac{a}{\eta} \Sigma\,(t) \right\}. \end{aligned}\right. \tag{495}$$

Damit die Bedingung (493) erfüllt ist, muß

$$S_0\,(t) + \frac{a}{\eta} \frac{1}{\sqrt{D_t}} \Sigma\,(t) = 0 \tag{496}$$

sein; diese Bedingung ergibt den zeitlichen Verlauf der Oberflächensalzgehalts-Störung $S_0\,(t) = \sigma\,(o, t) - \overset{*}{\sigma}$ in Operatorenform, d. h.

$$S_0\,(t) = -\frac{a}{\eta} \frac{1}{\sqrt{D_t}} \Sigma\,(t)\,. \tag{497}$$

Hieraus folgt

$$D_t\, S_0\,(t) = -\frac{a}{\eta} \sqrt{D_t}\, \Sigma\,(t)\,,$$

welcher Ausdruck entsprechend (403) unter Anwendung des DUHAMELschen Integrals (361) durch

$$D_t S_0(t) = -\frac{a}{\eta}\frac{d}{dt}\int_0^t \frac{\Sigma(\zeta)}{\sqrt{\pi(t-\zeta)}}\,d\zeta$$

realisiert werden kann. Operation mit D_t^{-1} ergibt hieraus mit Rücksicht auf $D_t^{-1} D_t S_0(t) = S_0(t) - S_0(0) = S_0(t)$ und $\frac{a}{\eta} = \frac{1}{\sqrt{\varrho\eta}}$:

$$S_0(t) = -\frac{1}{\sqrt{\pi\eta\varrho}}\int_0^t \frac{\Sigma(\zeta)}{\sqrt{t-\zeta}}\,d\zeta\,, \tag{498}$$

als Lösung der Operatorengleichung (497). Der zeitliche Verlauf des Salzgehaltes $\sigma(0, t)$ an der Meeresoberfläche $z = 0$ wird also durch

$$\sigma(0, t) = \overset{*}{\sigma} - \frac{1}{\sqrt{\pi\eta\varrho}}\int_0^t \frac{\Sigma(\zeta)}{\sqrt{t-\zeta}}\,d\zeta \tag{499}$$

dargestellt.

Die Lösung für die Tiefen $z > 0$ erhalten wir, indem wir die aus (495) und (496) folgende symbolische Lösung

$$S = -\frac{e^{-\frac{z}{a}\sqrt{D_t}}}{\sqrt{D_t}}\,\frac{a}{\eta}\,\Sigma(t) \tag{500}$$

realisieren; zunächst folgt aus vorstehender Gleichung:

$$D_t S = -\frac{a}{\eta}\sqrt{D_t}\,e^{-\frac{z}{a}\sqrt{D_t}}\,\Sigma(t)\,. \tag{501}$$

Nun ist nach Gleichung (407):

$$\sqrt{D_t}\,e^{-\frac{z}{a}\sqrt{D_t}}\,1 = \frac{e^{-\frac{z^2}{4a^2 t}}}{\sqrt{\pi t}} = h(t)\,,$$

und somit erhalten wir durch Anwendung des DUHAMELschen Integrals (361):

$$\sqrt{D_t}\,e^{-\frac{z}{a}\sqrt{D_t}}\,\Sigma(t) = \frac{\partial}{\partial t}\int_0^t \frac{e^{-\frac{z^2}{4a^2(t-\zeta)}}}{\sqrt{(t-\zeta)}}\,\Sigma(\zeta)\,d\zeta \tag{502}$$

und damit die Realisierung von (501) in der Form

$$D_t S = -\frac{1}{\sqrt{\pi\eta\varrho}}\frac{\partial}{\partial t}\int_0^t \frac{e^{-\frac{\varrho z^2}{4\eta(t-\zeta)}}}{\sqrt{t-\zeta}}\,\Sigma(\zeta)\,d\zeta\,.$$

Anwendung des hier wieder mit D_t kommutativen Operators D_t^{-1} führt auf

(503) $$S = -\frac{1}{\sqrt{\pi\eta\varrho}}\int_0^t \frac{e^{-\frac{\varrho z^2}{4\eta(t-\zeta)}}}{\sqrt{t-\zeta}}\Sigma(\zeta)\,d\zeta\,,$$

welche Lösung für $z = 0$ in Gleichung (498) übergeht.

Setzen wir in Gleichung (499)

$$\Sigma(t) = \Sigma = \text{const. für } 0 \leq t \leq T\,,$$
$$\Sigma(t) = 0 \quad \text{für} \quad t > T\,,$$

so erhalten wir

$$\sigma(0,t) = \overset{*}{\sigma} - \left(\frac{2\Sigma}{\sqrt{\pi\eta\varrho}}\right)\sqrt{t}\,, \text{ für } 0 \leq t \leq T\,,$$
$$\sigma(0,t) = \overset{*}{\sigma} - \left(\frac{2\Sigma}{\sqrt{\pi\eta\varrho}}\right)\{\sqrt{t} - \sqrt{t-T}\}\,, \text{ für } t \geq T\,.$$

Die maximale Salzgehaltsstörung (q) wird für $t = T$ (= Ende des Niederschlags) erreicht:

$$q = \overset{*}{\sigma} - \sigma(0,T)$$
$$= \frac{2\Sigma\sqrt{T}}{\sqrt{\pi\eta\varrho}}\,.$$

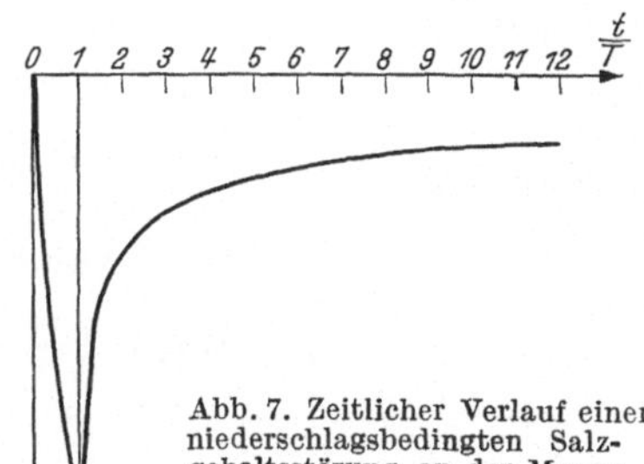

Abb. 7. Zeitlicher Verlauf einer niederschlagsbedingten Salzgehaltsstörung an der Meeresoberfläche. (Ende des Niederschlags für $t/T = 1$.)

Während des Niederschlags erfolgt also die Ausbildung der Störung nach dem Gesetz

(504) $$\overset{*}{\sigma} - \sigma(0,t) = q\sqrt{\frac{t}{T}}\,,\ (0 \leq t \leq T)\,,$$

dieselbe erreicht dann ihren Maximalwert q für $t = T$, und gleicht sich nach dem Aufhören des Niederschlags gemäß

(505) $$\overset{*}{\sigma} - \sigma(0,t) = q\left\{\sqrt{\frac{t}{T}} - \sqrt{\frac{t}{T} - 1}\right\} \quad (t \geq T)$$

wieder aus, ein Ergebnis, das sich mit den Beobachtungen in guter Übereinstimmung befindet.

7. Wärmeleitung im Erdboden.

Es soll untersucht werden, in welcher Weise sich periodische Temperaturänderungen an der Erdoberfläche ($z = 0$) in den Erdboden hinein fortpflanzen. Dabei nehmen wir den Erdboden als homogen und isotrop mit der Temperaturleitfähigkeit a^2 an; ferner sollen keine seitlichen Temperaturunterschiede auftreten, so daß die Temperatur T nur von der Tiefe z und von der Zeit abhängt, wodurch sich die Wärmeleitungsgleichung (256) auf

$$\frac{\partial T}{\partial t} = a^2 \frac{\partial^2 T}{\partial z^2} \tag{506}$$

reduziert. An der Erdoberfläche $z = 0$ ändere sich die Oberflächentemperatur T_0 periodisch nach dem einfachen Gesetz

$$T_0 = A \cos\left(\frac{2\pi t}{\tau}\right) \quad (\text{für } z = 0) \tag{507}$$

mit der Periode τ um den Mittelwert $\overline{T}_0 = 0$, welche Festsetzung aber keine Einschränkung bedeutet, da wir den Nullpunkt der Temperaturskala für unsere Zwecke willkürlich festlegen können. Die Temperaturschwankungen müssen mit der Tiefe abklingen, weshalb wir

$$T = 0\,, \quad \text{für } z \to +\infty \tag{508}$$

fordern können.

Wir schreiben die Gleichung (506) in Operatorenform

$$\left(D_z^2 - \frac{1}{a^2} D_t\right) T = 0\,,$$

üben von links die Operation $D_z^{-1} = \int\limits_0^z dz$ aus und erhalten mit der Abkürzung $\left(\frac{\partial T}{\partial z}\right)_0$ für $\left(\frac{\partial T}{\partial z}\right)_{z=0}$ zunächst

$$\left(D_z - D_z^{-1} \frac{D_t}{a^2}\right) T = \left(\frac{\partial T}{\partial z}\right)_0,$$

und daraus durch nochmalige Anwendung von D_z^{-1} mit Rücksicht auf (507):

$$\left(1 - \frac{D_z^{-2} D_t}{a^2}\right) T = T_0 + D_z^{-1} \left(\frac{\partial T}{\partial z}\right)_0,$$

welche Gleichung die symbolische Lösung

$$T = \frac{D_z^2}{D_z^2 - \frac{D_t}{a^2}} T_0 + \frac{D_z}{D_z^2 - \frac{D_t}{a^2}} \left(\frac{\partial T}{\partial z}\right)_0$$

besitzt; dieselbe kann hinsichtlich des Operators D_z nach (322,

323) realisiert werden, da T_0 und $\left(\frac{\partial T}{\partial z}\right)_0$ nur Funktionen von t sind:

$$T = \operatorname{Cos}\left(\frac{z}{a}\sqrt{D_t}\right) T_0 + a \frac{\operatorname{Sin}\left(\frac{z}{a}\sqrt{D_t}\right)}{\sqrt{D_t}} \left(\frac{\partial T}{\partial z}\right)_0,$$

oder

$$T = \frac{1}{2} e^{+\frac{z}{a}\sqrt{D_t}} \left\{T_0 + \frac{a}{\sqrt{D_t}}\left(\frac{\partial T}{\partial z}\right)_0\right\} + \frac{1}{2} e^{-\frac{z}{a}\sqrt{D_t}} \left\{T_0 - \frac{a}{\sqrt{D_t}}\left(\frac{\partial T}{\partial z}\right)_0\right\}$$

Zur Erfüllung der Bedingung (508) muß

$$T_0 + \frac{a}{\sqrt{D_t}}\left(\frac{\partial T}{\partial z}\right)_0 = 0$$

sein, wodurch sich die symbolische Lösung unter Elimination von $\frac{a}{\sqrt{D_t}}\left(\frac{\partial T}{\partial z}\right)_0$ auf

$$T = e^{-\frac{z}{a}\sqrt{D_t}}\, T_0 \tag{509}$$

reduziert. Schreiben wir mit der Abkürzung $\omega = \frac{2\pi}{\tau}$ die Randbedingung (507) gemäß (324, 325) in der Form

$$T_0 = \frac{A}{2}\left(e^{i\omega t} + e^{-it\omega}\right)$$

und substituieren diese Gleichung in (509), so erhalten wir

$$T = \frac{A}{2}\left(e^{-\frac{z}{a}\sqrt{D_t}}\, e^{i\omega t} + e^{-\frac{z}{a}\sqrt{D_t}}\, e^{-i\omega t}\right),$$

oder nach dem Verschiebungssatz in der Form (304):

$$T = \frac{A}{2}\left(e^{i\omega t} \cdot e^{-\frac{z}{a}\sqrt{D_t + i\omega}} + e^{-i\omega t} \cdot e^{-\frac{z}{a}\sqrt{D_t - i\omega}}\right). \tag{510}$$

Nun können die Operatoren $e^{-\frac{z}{a}\sqrt{D_t + i\omega}}$ und $e^{-\frac{z}{a}\sqrt{D_t - i\omega}}$ in Potenzreihen nach steigenden Potenzen von D_t entwickelt werden (vgl. S. 62):

$$e^{-\frac{z}{a}\sqrt{D_t + i\omega}} = f_0 + f_1 D_t + f_2 D_t^2 + \ldots, \tag{511}$$

$$e^{-\frac{z}{a}\sqrt{D_t - i\omega}} = g_0 + g_1 D_t + g_2 D_t^2 + \ldots. \tag{512}$$

In diesen Reihen können aber alle Terme bis auf die ersten (f_0, g_0) gestrichen werden, da in Gl. (510) die Operatoren auf die (nicht besonders hingeschriebene) Objektfunktion 1 einwirken und die Ausdrücke $D_t 1 = D_t^2 1 = D_t^3 1 = \ldots = 0$ zu setzen sind; andererseits erhalten wir die Koeffizienten f_0 und g_0 durch Nullsetzen von D_t in den Gleichungen (511, 512), also

$$e^{-\frac{z}{a}\sqrt{D_t + i\omega}}\, 1 = e^{-\frac{z}{a}\sqrt{i\omega}}, \tag{513}$$

$$e^{-\frac{z}{a}\sqrt{D_t - i\omega}}\, 1 = e^{-\frac{z}{a}\sqrt{-i\omega}}, \tag{514}$$

so daß sich die Lösung (510) auf

$$T = \frac{A}{2}\left(e^{i\omega t}\, e^{-\frac{z}{a}\sqrt{i\omega}} + e^{-i\omega t}\, e^{-\frac{z}{a}\sqrt{-i\omega}}\right) \tag{515}$$

reduziert, die sich durch Benutzung der Formeln

$$\sqrt{i} = \frac{1+i}{\sqrt{2}}, \quad \sqrt{-i} = \frac{1-i}{\sqrt{2}}$$

weiter vereinfacht:

$$T = \frac{A}{2}\, e^{-\frac{z}{a}\sqrt{\frac{\omega}{2}}}\left\{e^{i\left(\omega t - \frac{z}{a}\sqrt{\frac{\omega}{2}}\right)} + e^{-i\left(\omega t - \frac{z}{a}\sqrt{\frac{\omega}{2}}\right)}\right\}.$$

Der Klammerausdruck in vorstehender Gleichung ist aber gleich $2\cos\left(\omega t - \frac{z}{a}\sqrt{\frac{\omega}{2}}\right)$, so daß wir die Lösung

$$T = A\, e^{-\frac{z}{a}\sqrt{\frac{\pi}{\tau}}} \cos\left(\frac{2\pi t}{\tau} - \frac{z}{a}\sqrt{\frac{\pi}{\tau}}\right) \tag{516}$$

erhalten, da ja $\omega = \frac{2\pi}{\tau}$ gesetzt wurde.

Die Amplitude der in den Erdboden eindringenden Temperaturwelle klingt also nach dem Gesetz

$$A(z) = A\, e^{-\frac{z}{a}\sqrt{\frac{\pi}{\tau}}} \tag{517}$$

mit zunehmender Tiefe ab; bezeichnet man als *Eindringungstiefe* die Tiefe h, in der die Amplitude $A(h)$ auf den $e^{-2\pi}$-ten Teil ($e^{-2\pi} = 0{,}00187$) der Amplitude A an der Erdoberfläche gesunken ist:

$$\frac{A(h)}{A} = e^{-2\pi} = e^{-\frac{h}{a}\sqrt{\frac{\pi}{\tau}}};$$

so ergibt sich

$$h = 2a\sqrt{\pi\tau}. \tag{518}$$

Für zwei verschiedene Perioden (z. B. tägliche und jährliche) verhalten sich also die Eindringungstiefen wie die Quadratwurzeln aus den Perioden:

$$h_1/h_2 = \sqrt{\tau_1/\tau_2}.$$

Schreibt man Gl. (516) in der Form

$$T = A\, e^{-\frac{z}{a}\sqrt{\frac{\pi}{\tau}}} \cos 2\pi\left(\frac{t}{\tau} - \frac{z}{2\,a\sqrt{\pi\,\tau}}\right),$$

so zeigt der Vergleich mit einer fortschreitenden (gedämpften) Welle der Wellenlänge λ:

$$A\,(z)\cdot\cos 2\pi\left(\frac{t}{\tau} - \frac{z}{\lambda}\right),$$

daß die Eindringungstiefe (nach obiger Definition) gleich der Wellenlänge ist: $h = \lambda$. Die Fortpflanzungsgeschwindigkeit der Temperaturwelle ist

$$v = \frac{\lambda}{\tau} = 2\,a\sqrt{\frac{\pi}{\tau}}, \tag{519}$$

die Schwingungsperiode bleibt beim Eindringen der Welle in den Erdboden unverändert.

Nach der hier in den Gleichungen (511—514) verwendeten Methode läßt sich übrigens der auf S. 64 unerledigt gebliebene Resonanzfall

$$\frac{1}{D^2 + \omega^2}\cos(\omega\,t)$$

behandeln. Wir betrachten zu diesem Zweck die Objektfunktion $e^{i\,\omega\,t} = \cos(\omega\,t) + i\sin(\omega\,t)$, auf die wir den Operator $\frac{1}{D^2+\omega^2}$ ausüben:

$$\frac{1}{D^2 + \omega^2}\,e^{i\,\omega\,t}.$$

Der Verschiebungssatz (304) ergibt hier:

$$\frac{1}{D^2+\omega^2}\,e^{i\,\omega\,t} = e^{i\,\omega\,t}\frac{1}{(D+i\,\omega)^2+\omega^2} = e^{i\,\omega\,t}\frac{1}{D^2+2\,i\,D\,\omega}$$

$$= e^{i\,\omega\,t}\frac{1}{D}\,\frac{1}{D+2\,i\,\omega}$$

Wird hier $\frac{1}{D+2\,i\,\omega}$ nach steigenden Potenzen von D entwickelt:

$$\frac{1}{D+2\,i\,\omega} = \frac{1}{2\,i\,\omega}\cdot\frac{1}{1+\frac{D}{2\,i\,\omega}} = \frac{1}{2\,i\,\omega}\left(1 - \frac{D}{2\,i\,\omega} + \frac{D^2}{(2\,i\,\omega)^2} - \dots\right),$$

so ergibt sich bei Anwendung des Operators $\frac{1}{D+2i\omega}$ auf die Objektfunktion 1:

$$\frac{1}{D+2i\omega} = \frac{1}{D+2i\omega} 1 = \frac{1}{2i\omega}$$

und somit

$$\frac{1}{D^2+\omega^2} e^{i\omega t} = \frac{e^{i\omega t}}{2i\omega} \frac{1}{D} = \frac{e^{i\omega t} t}{2i\omega} = -i \frac{e^{i\omega t} t}{2\omega}$$

woraus durch Gleichsetzung der reellen und imaginären Anteile die Gleichungen

$$\text{(520)} \qquad \frac{1}{D^2+\omega^2} \cos(\omega t) = \frac{t}{2\omega} \sin(\omega t)$$

$$\text{(521)} \qquad \frac{1}{D^2+\omega^2} \sin(\omega t) = -\frac{t}{2\omega} \cos(\omega t)$$

resultieren.

Nach diesem Exkurs über den Resonanzfall der einfachen Schwingungsgleichung betrachten wir hier noch die Realisierung des in der Theorie der Ausgleichsvorgänge auftretenden Operators

$$\text{(522)} \qquad e^{-a\sqrt{D}} = e^{-a\sqrt{D}}\, 1\,, \left(D = D_t = \frac{\partial}{\partial t}\right).$$

Aus (407) erhalten wir durch Integration über den Parameter a:

$$\text{(523)} \qquad \sqrt{D} \int_0^a e^{-a\sqrt{D}}\, d a = \frac{1}{\sqrt{\pi t}} \int_0^a e^{-\frac{a^2}{4t}}\, d a\,.$$

Die linke Seite der vorstehenden Gleichung ergibt

$$\sqrt{D} \int_0^a e^{-a\sqrt{D}}\, d a = 1 - e^{-a\sqrt{D}}\,,$$

somit ist nach Gleichung (523)

$$e^{-a\sqrt{D}} = 1 - \frac{2}{\sqrt{\pi t}} \int_0^a e^{-\frac{a^2}{4t}}\, d a\,.$$

Durch die Substitution $\zeta = \frac{a}{2\sqrt{t}}$ erhalten wir hieraus

$$\text{(524)} \qquad e^{-a\sqrt{D}} = 1 - \frac{2}{\sqrt{\pi}} \int_0^{\frac{a}{2\sqrt{t}}} e^{-\zeta^2}\, d\zeta\,.$$

Nun stellt

$$\Phi(x) = \frac{2}{\sqrt{\pi}} \int_0^x e^{-\zeta^2} d\zeta \tag{525}$$

das aus der Wahrscheinlichkeitsrechnung und Fehlertheorie bekannte GAUSSsche Fehlerintegral dar; somit erhalten wir nach Gleichung (424) in

$$e^{-a\sqrt{D}} = 1 - \Phi\left(\frac{a}{2\sqrt{t}}\right) \tag{526}$$

die gesuchte Realisierung des Operators (522).

8. Nichtstationäre Driftströme im homogenen Ozean.

Das stationäre Driftstromfeld eines homogenen, unendlich ausgedehnten und unendlich tiefen Ozeans (vgl. S. 104) kann als Ergebnis einer zeitlich unendlich langen Einwirkung des den Tangentialdruck an der Meeresoberfläche bedingenden konstanten Windes angesehen werden. Um die zeitliche Ausbildung eines derartigen Stromsystems durch einen zur Zeit $t = 0$ einsetzenden konstanten Wind zu untersuchen, müssen wir uns der nichtstationären hydrodynamischen Gleichungen bedienen:

$$\left| \begin{aligned} \frac{\partial v_x}{\partial t} - 2\omega \sin\varphi \; v_y &= \frac{\mu}{\varrho} \frac{\partial^2 v_x}{\partial z^2}, \\ \frac{\partial v_y}{\partial t} + 2\omega \sin\varphi \; v_x &= \frac{\mu}{\varrho} \frac{\partial^2 v_y}{\partial z^2}, \end{aligned} \right. \tag{527}$$

im übrigen behalten wir die Bezeichnungsweise des Kap. IV, 4 mit Ausnahme gewisser Abkürzungen für Konstantenkombinationen bei. Durch Einführung der komplexen Geschwindigkeit $w(z, t)$ analog (463) können die Gleichungen (527) in

$$\frac{\partial w}{\partial t} + i\, 2\omega \sin\varphi\, w = \frac{\mu}{\varrho} \frac{\partial^2 w}{\partial z^2} \tag{528}$$

zusammengezogen werden. Mit den Abkürzungen

$$2\omega \sin\varphi = \lambda, \quad \frac{\varrho}{\mu} = a^2, \tag{529}$$

schreiben wir (528) in der Operatorenform

$$\{D_z^2 - a^2 (D_t + i\lambda)\}\, w = 0 \tag{530}$$

und erhalten durch einmalige Anwendung des Operators $D_z^{-1} = \int_0^z dz$

mit Rücksicht darauf, daß

(531) $$S(t) = S = -\mu \left(\frac{\partial w}{\partial z}\right)_0$$

den komplexen Tangentialdruck des Windes an der Meeresoberfläche $z = 0$ darstellt:

$$\{D_z - D_z^{-1} a^2 (D_t + i\lambda)\} w = -\frac{S}{\mu},$$

und daraus durch nochmalige Anwendung der D_z^{-1}-Operation:

(532) $$\{1 - D_z^{-1} a^2 (D_t + i\lambda)\} w = w_0 - D_z^{-1} \frac{S}{\mu},$$

wobei

(533) $$w_0 = v_x(0, t) + i\, v_y(0, t)$$

die komplexe Geschwindigkeit an der Meeresoberfläche bedeutet, die *nicht* durch eine Randbedingung vorgegeben ist. Hingegen haben wir

(534) $$w = 0, \text{ für } z \to \infty$$

zu fordern.

Nun besitzt die Gleichung (532) die symbolische Lösung

$$w = \frac{D_z^2}{D_z^2 - a^2 (D_t + i\lambda)} w_0 - \frac{D_z}{D_z^2 - a^2 (D_t + i\lambda)} \left(\frac{S}{\mu}\right),$$

die hinsichtlich des Operators D_z nach den Gleichungen (322, 323) realisiert werden kann:

$$w = \operatorname{Cos}(a z \sqrt{D_t + i\lambda})\, w_0 - \frac{\operatorname{Sin}(a z \sqrt{D_t + i\lambda})}{a\sqrt{D_t + i\lambda}} \left(\frac{S}{\mu}\right),$$

d. h.

(535) $$\left\{\begin{aligned} w = {} & \frac{1}{2} e^{+ a z \sqrt{D_t + i\lambda}} \left\{w_0 - \frac{1}{a\sqrt{D_t + i\lambda}} \left(\frac{S}{\mu}\right)\right\} \\ & + \frac{1}{2} e^{- a z \sqrt{D_t + i\lambda}} \left\{w_0 + \frac{1}{a\sqrt{D_t + i\lambda}} \left(\frac{S}{\mu}\right)\right\}. \end{aligned}\right.$$

Zur Erfüllung der Bedingung (534) ist

(536) $$w_0 - \frac{1}{a\sqrt{D_t + i\lambda}} \left(\frac{S}{\mu}\right) = 0$$

zu fordern, welche Gleichung die Beziehung zwischen Oberflächenstrom und Tangentialdruck im nichtstationären Fall liefert. Zwecks Realisierung multiplizieren wir diese Gleichung von links mit $e^{i\lambda t}$:

$$e^{i\lambda t}\, w_0 = \frac{e^{i\lambda t}}{a} \frac{1}{\sqrt{D_t + i\lambda}} \left(\frac{S}{\mu}\right)$$

und erhalten durch Anwendung des Verschiebungssatzes in der Form (305):

$$e^{i\lambda t}\, w_0 = \frac{1}{a} \frac{1}{\sqrt{D_t}} \left(\frac{S\, e^{i\lambda t}}{\mu}\right),$$

woraus weiter

$$D_t\,(e^{i\lambda t}\, w_0) = \frac{1}{a} \sqrt{D_t} \left(\frac{S\, e^{i\lambda t}}{\mu}\right)$$

resultiert. Die linke Seite kann nach (418) realisiert werden, so daß sich

$$D_t\,(e^{i\lambda t}\, w_0) = \frac{1}{a\,\mu\sqrt{\pi}} \frac{\partial}{\partial t} \int\limits_0^t \frac{S(\zeta)\, e^{i\lambda\zeta}}{\sqrt{t-\zeta}}\, d\zeta$$

ergibt, woraus durch Anwendung des hier mit D_t wieder kommutativen Operators D_t^{-1}

(537) $$e^{i\lambda t}\, w_0 = \frac{1}{\sqrt{\pi\mu\varrho}} \int\limits_0^t \frac{S(\zeta)\, e^{i\lambda\zeta}}{\sqrt{t-\zeta}}\, d\zeta$$

ergibt, da wir $a^2 = \varrho/\mu$ gesetzt hatten.

Bei konstantem Tangentialdruck in Richtung der $+y$-Achse für $t > 0$ ist

$$S(\zeta) = S = 0 + i\, T_y = i\, T,$$

und die Gleichung (537) reduziert sich auf die Lösung

$$w_0 = \frac{i\, T e^{-i\lambda t}}{\sqrt{\pi\mu\varrho}} \int\limits_0^t \frac{e^{i\lambda\zeta}}{\sqrt{t-\zeta}}\, d\zeta = \frac{i\, T}{\sqrt{\pi\mu\varrho}} \int\limits_0^t \frac{e^{-i\lambda(t-\zeta)}}{\sqrt{t-\zeta}}\, d\zeta,$$

die sich durch die Substitution $t - \zeta = \xi$ in

(538) $$w_0 = \frac{i\, T}{\sqrt{\pi\mu\varrho}} \int\limits_0^t \frac{e^{-i\lambda\xi}}{\sqrt{\xi}}\, d\xi$$

vereinfacht. Mit Rücksicht auf (533) ergeben sich daraus durch Gleichsetzung der reellen und imaginären Anteile die FREDHOLMschen Lösungen[1]:

(539) $$v_x(0,t) = \frac{T}{\sqrt{\pi\mu\varrho}} \int_0^t \sin(\lambda\xi) \frac{d\xi}{\sqrt{\xi}},$$

(540) $$v_y(0,t) = \frac{T}{\sqrt{\pi\mu\varrho}} \int_0^t \cos(\lambda\xi) \frac{d\xi}{\sqrt{\xi}},$$

welche Gleichungen die zeitliche Ausbildung des Oberflächenstroms unter dem Einfluß eines zur Zeit $t = 0$ einsetzenden und für $t > 0$ konstant bleibenden Tangentialdrucks $T_y = T$ durch FRESNELsche Integrale[2] ausdrücken.

Für $t \to \infty$ ergeben die FRESNELschen Integrale

(541) $$\int_0^\infty \sin(\lambda\xi) \frac{d\xi}{\sqrt{\xi}} = \int_0^\infty \cos(\lambda\xi) \frac{d\xi}{\sqrt{\xi}} = \sqrt{\frac{\pi}{2\lambda}},$$

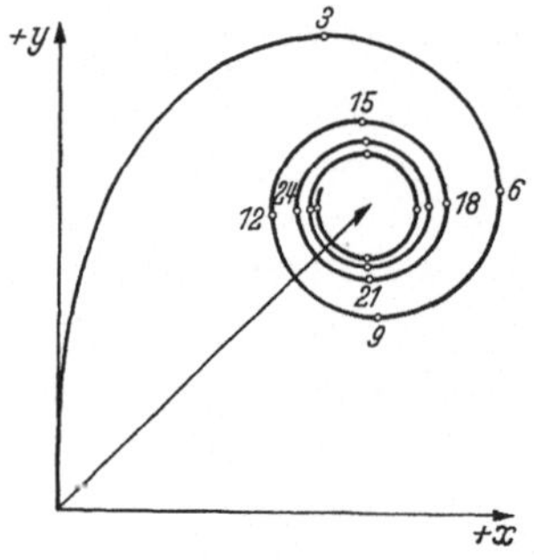

Abb. 8. CORNU-Spirale.
(Die Zahlen bedeuten Pendelstunden; Pendelstunde = siderische Stunde/sin φ.)

womit man aus (539, 540) die Beziehungen des stationären Driftstromfeldes (473, 474) erhält. Die graphische Darstellung der Lösungen (539, 540) zeigt, daß der Endpunkt des Geschwindigkeitsvektors in Form einer CORNU-Spirale[3] gegen den Punkt

(542) $$\begin{cases} v_x(0,\infty) = v_y(0,\infty) \\ \qquad = \dfrac{T}{\sqrt{2\lambda\mu\varrho}} \end{cases}$$

konvergiert, der dem stationären Zustand entspricht.

Die Lösung für Tiefen $z > 0$ erhalten wir durch Realisierung des aus (535) und (536) folgenden Operatorenausdrucks

(543) $$w = \frac{1}{\mu a \sqrt{D_t + i\lambda}} e^{-az\sqrt{D_t + i\lambda}} S,$$

[1] ERIK IVAR FREDHOLM, schwedischer Mathematiker und Physiker, 1866—1927.

[2] AUGUSTIN JEAN FRESNEL, französischer Ingenieur und Physiker, 1788 bis 1827.

[3] MARIE ALFRED CORNU, französischer Physiker, 1841—1902.

bzw. mit $S = i\,T$ ($T = \text{const.}$ für $t > 0$):

$$w = \frac{i\,T}{\mu\,a\,\sqrt{D_t + i\lambda}}\,e^{-a\,z\sqrt{D_t + i\lambda}}\,. \tag{544}$$

Multiplikation mit $e^{i\lambda t}$ und Anwendung des Verschiebungssatzes (305) liefert

$$e^{i\lambda t}\,w = \frac{i\,T}{\mu\,a\,\sqrt{D_t}}\,e^{-a\,z\sqrt{D_t}}\,e^{i\lambda t}\,,$$

und durch Anwendung des Operators D_t folgt weiter

$$D_t\,e^{i\lambda t}\,w = \frac{i\,T}{\mu\,a}\sqrt{D_t}\,e^{-a\,z\sqrt{D_t}}\,e^{i\lambda t}\,. \tag{545}$$

Nun ist nach Gleichung (407):

$$\sqrt{D_t}\,e^{-a\,z\sqrt{D_t}}\,1 = \frac{e^{-\frac{a^2 z^2}{4t}}}{\sqrt{\pi\,t}} = h(t)\,,$$

und die Anwendung des DUHAMELschen Integrals (361) liefert die Realisierung

$$\sqrt{D_t}\,e^{-a\,z\sqrt{D_t}}\,e^{i\lambda t} = \frac{\partial}{\partial t}\int_0^t \frac{e^{-\frac{a^2 z^2}{4(t-\zeta)}}}{\sqrt{\pi\,(t-\zeta)}}\,e^{i\zeta}\,d\zeta\,, \tag{546}$$

so daß aus Gleichung (545)

$$D_t\,e^{i\lambda t}\,w = \frac{i\,T}{\mu\,a\sqrt{\pi}}\,\frac{\partial}{\partial t}\int_0^t \frac{e^{-\frac{a^2 z^2}{4(t-\zeta)}}}{\sqrt{t-\zeta}}\,e^{i\zeta}\,d\zeta$$

folgt, woraus durch Anwendung des hier mit $D_t = \frac{\partial}{\partial t}$ kommutativen Operators D_t^{-1} und durch nachfolgende Multiplikation mit $e^{-i\lambda t}$ die Lösung

$$w = \frac{i\,T}{\sqrt{\pi\,\mu\,\varrho}}\int_0^t \frac{e^{-\frac{\varrho z^2}{4\mu(t-\zeta)}}}{\sqrt{t-\zeta}}\,e^{-i(t-\zeta)}\,d\zeta \tag{547}$$

resultiert, die durch die Substitution $t - \zeta = \xi$ in

$$w = \frac{i\,T}{\sqrt{\pi\,\mu\,\varrho}}\int_0^t e^{-\frac{\varrho z^2}{4\mu\xi} - i\lambda\xi}\,\frac{d\xi}{\sqrt{\xi}} \tag{548}$$

übergeführt wird. Die Gleichsetzung der reellen und imaginären Anteile beider Seiten ergibt für die Geschwindigkeitskomponenten die Lösungen

$$v_x(z, t) = \frac{T}{\sqrt{\pi \mu \varrho}} \int_0^t e^{-\frac{\varrho z^2}{4 \mu \xi}} \sin(\lambda \xi) \frac{d\xi}{\sqrt{\xi}}, \tag{549}$$

$$v_y(z, t) = \frac{T}{\sqrt{\pi \mu \varrho}} \int_0^t e^{-\frac{\varrho z^2}{4 \mu \xi}} \cos(\lambda \xi) \frac{d\xi}{\sqrt{\xi}}, \tag{550}$$

die auch für $z = 0$ gelten und dann die Komponenten des Stroms an der Meeresoberfläche in Übereinstimmung mit den Gleichungen (539, 540) ergeben.

Literatur-Verzeichnis.

I. Differentialgleichungen.

BIEBERBACH, L.: Theorie der Differentialgleichungen. 3. Aufl. Berlin 1930.

FORSYTH, A. R.: Lehrbuch der Differentialgleichungen. 2. Aufl. Braunschweig 1912.

HOHEISEL, G.: Gewöhnliche Differentialgleichungen. 3. Aufl. Berlin-Leipzig 1938.

— Partielle Differentialgleichungen. Berlin-Leipzig 1928.

KAMKE, E.: Differentialgleichungen reeller Funktionen. Leipzig 1930.

II. Differentialgleichungen der Mathematischen Physik.

BATEMAN, H.: Partial Differential Equations of Mathematical Physics. Cambridge 1932.

COURANT, R. u. D. HILBERT: Methoden der Mathematischen Physik. 1. Bd., 2. Aufl. Berlin 1931. 2. Bd. Berlin 1937.

FRANK, PH. u. R. v. MISES: Die Differential- und Integralgleichungen der Mechanik und Physik. 1. Teil. 2. Aufl. Braunschweig 1930. 2. Teil. 2. Aufl. Braunschweig 1935.

HOPF, L.: Einführung in die Differentialgleichungen der Physik. Berlin-Leipzig 1933,

HORT, W. u. A. THOMA: Die Differentialgleichungen der Technik und Physik. Leipzig 1939.

RIEMANN, B. u. H. WEBER: Die partiellen Differentialgleichungen der Mathematischen Physik. 6. Aufl. Braunschweig 1919.

WEBSTER, A. G. u. G. SZEGÖ: Partielle Differentialgleichungen der Mathematischen Physik. Berlin-Leipzig 1930.

III. Operatorenrechnung.

BERG, E. J.: Heaviside's Operational Calculus. New York-London 1929. Deutsche Bearbeitung von O. GRAMISCH u. H. TROPPER unter dem Titel: Rechnung mit Operatoren München-Berlin 1932.

CARMICHAEL, R.: Treatise on the Calculus of Operations. London 1855. Deutsche Bearbeitung von C. H. SCHNUSE unter dem Titel: Der Operationscalcul. Braunschweig 1857.

CARSON, J.: Electrical Circuit Theory and the Operational Analysis. New York-London 1926. Erweiterte deutsche Bearbeitung von F. OLLENDORFF u. K. POHLHAUSEN unter dem Titel: Elektrische Ausgleichsvorgänge und Operatorenrechnung. Berlin 1929.

DOETSCH, G.: Theorie und Anwendung der Laplace-Transformation. Berlin 1937.

HEAVISIDE, O.: Electromagnetic Theory. Vol. I. London 1893. Vol. II. London 1899. Vol. III. London 1912.

HUMBERT, P.: Le calcul symbolique. Paris 1934.

JEFFREYS, H.: Operational Methods in Mathematical Physics. 2nd Ed. Cambridge 1931.

STEPHENS, E.: The Elementary Theory of Operational Mathematics. New York-London 1937. (Mit umfassendem Literaturverzeichnis des Schrifttums über Operatorenrechnung.)

WAGNER, K. W.: Operatorenrechnung nebst Anwendungen in Physik und Technik, Leipzig 1940.

Operatoren-Tabelle.

Operator[1]	Objektfunktion	Resultatfunktion	Nummer der Formel im Text
D^{-n}	1	$\frac{t^n}{n!}$	(310)
$\frac{D}{D-a}$	1	e^{at}	(318)
$\frac{D}{D+a}$	1	e^{-at}	(319)
$\frac{D}{(D-a)^n}$	1	$\frac{t^{n-1}}{(n-1)!}e^{at}$	(335)
$\frac{D}{(D+a)^n}$	1	$\frac{t^{n-1}}{(n-1)!}e^{-at}$	(336)
$\frac{D^2}{D^2-a^2}$	1	$\mathrm{Cos}\,(a\,t)$	(322)
$\frac{D}{D^2-a^2}$	1	$\frac{\mathrm{Sin}\,(a\,t)}{a}$	(323)
$\frac{D^2}{D^2+a^2}$	1	$\cos\,(a\,t)$	(328)
$\frac{D}{D^2+a^2}$	1	$\frac{\sin\,(a\,t)}{a}$	(329)
$\frac{D\,(D\mp a)}{(D\mp a)^2+b^2}$	1	$e^{\pm a t}\cos\,(b\,t)$	(343)
$\frac{D}{(D\mp a)^2+b^2}$	1	$e^{\pm a t}\frac{\sin\,(b\,t)}{b}$	(344)
e^{-aD}	$\begin{cases} f(t), & t>0 \\ 0, & t<0 \end{cases}$	$\begin{cases} f(t-a), & t>a \\ 0, & t<a \end{cases}$	(399)
$e^{-\frac{a}{D}}$	1	$J_0\,(2\sqrt{a\,t})$	(388)
$\frac{1}{D}e^{-\frac{a}{D}}$	1	$\sqrt{\frac{t}{a}}\,J_1(2\sqrt{a\,t})$	(390)

[1] n ganzzahlig, $a>0$.

Operator	Objektfunktion	Resultatfunktion	Nummer der Formel im Text
$\sqrt{D}$	1	$\frac{1}{\sqrt{\pi t}}$	(403)
$\frac{1}{\sqrt{D}}$	1	$\frac{2}{\sqrt{\pi}}\sqrt{t}$	(404)
$\sqrt{D}\, e^{-a\sqrt{D}}$	1	$\frac{e^{-\frac{a^2}{4t}}}{\sqrt{\pi t}}$	(407)
$e^{-a\sqrt{D}}$	1	$1-\Phi\left(\frac{a}{2\sqrt{t}}\right)$	(526)
$F(D^2)$	$\sin(a t + b)$	$F(-a^2)\sin(a t + b)$	(296)
$F(D^2)$	$\cos(a t + b)$	$F(-a^2)\cos(a t + b)$	(297)
$\frac{1}{D^2+\omega^2}$	$\cos(\omega t)$	$+\frac{t}{2\omega}\sin(\omega t)$	(520)
$\frac{1}{D^2+\omega^2}$	$\sin(\omega t)$	$-\frac{t}{2\omega}\cos(\omega t)$	(521)

In den folgenden Formeln bedeutet $h(t) = F(D)\,1$.

Operator	Objektfunktion	Resultatfunktion	Nummer der Formel im Text
$F(kD)$	1	$h\left(\frac{t}{k}\right)$	(384)
$F(D)$	$f(t)$	$\frac{d}{dt}\int_0^t h(t-\zeta)\,f(\zeta)\,d\zeta$	(361)
$F(\sqrt{D})$	1	$\frac{1}{\sqrt{\pi t}}\int_0^\infty e^{-\frac{\lambda^2}{4t}}\,h(\lambda)\,d\lambda$	(409)
$F\left(\frac{1}{D}\right)$	1	$\sqrt{t}\int_0^\infty J_1(2\sqrt{\lambda t})\,\frac{h(\lambda)}{\sqrt{\lambda}}\,d\lambda$	(411)

Namen- und Sachverzeichnis.